你好，我是寵物訓練師
從養貓到懂貓的20堂幸福實戰課
ABRA國際認證
LE資格寵物行為訓練師
網路一致好評的貓咪奇蹟製造師
單熙汝——著
佛
下來

contents 目錄

前言　寵物訓練師調教的，其實是……　7

Case 1　請看到牠的努力進步：談談飼主心態　13

Case 2　為了你就不恐懼　23

Case 3　貓咪沒有報復心　35

Case 4 充滿貓的別墅 45
Case 5 去醫院真的是為牠好嗎？談談過度醫療 55
Case 6 失靈的魔法棒：談談養貓心態 69
Case 7 網路資訊的陷阱 81
Case 8 心的缺口 91
Case 9 神桌貓淇淇 99
Case 10 牠攻擊只是因為害怕 107

Case 11 養貓不是一個人的事 117

Case 12 馬場裡的「無貓日」 127

Case 13 咬人貓與咬人鼠 135

Case 14 「我沒有」飼主 143

Case 15 七支監視器 153

Case 16 永遠笑呵呵的媽媽：寵物會被「寵壞」嗎？ 165

Case 17 被養出來的怪獸 173

Case 18 放不下的舊飼料 185

Case 19 訓練師之樂趣：在貓餐廳的日常 195

Case 20 訓練師聽得懂貓語言嗎？談談溝通 205

結語 213

作者序
寵物訓練師調教的，其實是……

在我開始學習貓狗行為之前，聽到「訓練師」這個詞，我最直覺的聯想就是在「訓練動物」，進行一些基本的服從指令，像是趴下、過來，或是教育牠們變得更「乖」一些。說到這裡，各位可能會覺得：這不就像是和動物玩遊戲嗎？整天和可愛的貓貓狗狗互動，這簡直就是一個夢幻職業吧！

當初我也曾經這麼認為，然而，直到我深入了解各種大小毛孩的家庭，傾聽飼主的煩惱，親眼目睹了無數貓狗的情況，我才逐漸領悟，以上的想法並非全然正確。實際上，除了現場觀察貓狗的肢體語言表達，還算是跟動物互動，其他大部分的時間，我都是在與飼主溝通。

為什麼呢？因為要解決所謂的「寵物行為問題」，首要任務其實是改變人類的行為。若人不肯做出改變，寵物不可能成為乖乖牌。

我曾經寫過兩本書，重點都放在「貓咪行為」，希望能夠讓更多人正確理解貓咪。然而，在絕大多數人與動物的相處關係中，「人類的行為」造就了更加重要的影響。我遇過不少案主，當衝突發生時，由於無法正確理解問題所在，加上從網路上搜尋到一些錯誤資訊，他們試圖強行套用解決方法，最後卻導致問題進一步惡化。

這也正是寵物訓練師這個職業誕生的原因。訓練師就像是調解專家，能夠根據不同的情況，協助指出問題所在，化解衝突。

幾年前，寵物訓練師的概念還不普及的時候，來詢問課程的人常會問：「上這門課，能夠保證解決我家寵物的問題嗎？」

我的回答總是：「不能，但我可以保證，如果你的寵物由我來照顧就不會有這個問題。」

近年來，多虧訓練師們的努力，越來越少人抱持著「把寵物交給訓練師，問題就能迎刃而解」的想法了。老實說，如果可以請飼主將寵物直接交給訓練師處理，對我來說會讓任務變得輕鬆許多。然而，那些由飼主和環境所造成的行為問題，最終還是需要飼主自身做出調整，這才是唯一的方法，沒有其他偷吃步的捷徑。

每一位飼主在領養寵物時，都充滿著愛和期待，他們希望自家的貓狗能夠像別人家的寵物一樣乖巧，或者和社群媒體上的一樣好曬。然而，理想和現實總有一些落差。許多人興奮地把寵物迎進家門之後，貓狗卻在不該叫的時候吵鬧，或者床上充滿了尿騷味。甚至我也遇過飼主半夜被吵到需要服用安眠藥才能入睡，這些肯定都是當初料想不到的。

或許有些人會感到灰心，覺得自己好倒楣，為什麼自己家的寵物是這樣？

但我認為，你和寵物共處一室，就像家人也像室友。你和他們之間難免會產生摩擦，不是嗎？人和寵物的關係，就像人際關係一樣，需要正視這些摩擦，相信一定可以找到方法互相協調、達成平衡，而不需要犧牲任何一方。

身為寵物訓練師，我的職責是協助飼主解決他們眼中寵物的問題，像是亂大小便、搞破壞、咬人、挑食等等。但飼主身上的問題有時更加複雜，包括訓練師需要幫助他們了解真正的問題點，指導他們接下來該做什麼、不該做什麼，避免飼主在焦慮和挫折中做出衝動舉動。有時，我們甚至需要充當心靈輔導者的角色，這種職業遠非只是和貓狗玩樂。

讓寵物乖乖、不失控，是訓練師的目標之一。然而奇蹟的是，當飼主本身的問題得到解決，寵物的問題往往也會相應獲得改善。就好像寵物引導著飼主去發現他們內心深處的困境，所以一旦解決了寵物的問題，飼主的生活也會隨之改變。

我經常很訝異，原以為自己的工作只是與動物互動，沒想到卻意外地見證了許多人內心脆弱的一面。因此，我希望透過這本書，將這些飼主和寵物之間的互動透過文字分享出來，並且將更多篇幅放在「人」的角色上。養寵物其實是一個契機，讓你更加了解自己，獲得更加理想的關係，這種改變將成為毛孩帶給你的最大幸福。

請看到牠的努力進步：談談飼主心態

常常有人好奇地問我：

「哪一種問題最難處理？」

「狗比較好訓練還是貓比較簡單？」

「貓是不是都很難搞？」

事實上，這些問題並沒有標準答案，因為每一個案子都包含了不同的環境、不同的居住成員，每一隻貓狗的過往經驗也各不相同，所以沒有一個案子的處理方式會是一模一樣的。

一個案子好不好處理，主要不在問題本身，人為和環境因素才是重點。而如果要我排名的話，我會覺得成敗關鍵有兩個，一是「飼主的心態」，二是「飼主是否對這件事有主要決定權」。

有沒有決定權，常常不是自己能決定的，因此我更想談談心態的影響。

我曾遇過兩個看起來相當類似的案例，案例A是一隻被收養近一年的米克斯，帶有一點美短的紋路，是從兩個月齡開始就收養了。我收到案例A的問題表單時有些疑惑，因為從幼貓開始飼養，通常不太會有完全不能親近的問題。

這隻貓咪的狀況是：只有飼主不在家或者睡著的時候，貓咪才願意出來吃飯、上廁所，其餘時間都躲在高高的櫃子上，如果拿食物想要接近牠，就會被哈氣、攻擊，飼主曾經直接強行撫摸，結果被抓得亂七八糟。因為一直以來相處上不見起色，A飼主決定尋求幫助，希望可以摸到自己的貓，並把貓帶去結紮。

聽完A飼主的描述後，我向飼主說明：「那我們就先安排三週的調整……」

「三週？所以三週後就可以抱牠了嗎？」話還沒說完，A飼主就興奮地打斷我。

「不，考量到之前有太多衝突的經驗，貓會需要比較多時間。先調整三週，順利的話，貓理想上可以正常生活、不會對你們哈氣、衝突，可以待在你們附近休息或是理毛，也會期待在固定時間和你們一起玩……」

「等一下，那結紮怎麼辦？這樣還是不能帶去醫院吧？」

「嗯，但因為你們是單養一隻公貓，結紮並不是非常急迫。先多花一點時間跟貓相處，重新建立關係比較重要。遇到這種情況不能急，必須等貓咪不再把飼主的動作和壞的事情聯想在一起，才能往下一個階段進行。」

「這樣啊……」A飼主半信半疑地接受了，但臉上的表情好像還寫著「需要這麼久嗎」的感覺。

當下我有點不祥的預感。

果然，接下來的幾天，A飼主的回報一次比一次負面：「牠還是躲著不出來。」「牠今天出來了，但經過時還是對我哈氣。」「牠只出來一下下，又衝回去躲起來。」……

一週後，A飼主就再也沒有回報進度了。

另一個案例B的當事貓，看起來情況很類似。同樣是兩個月齡左右被撿到、加入人類世界的小貓，諮詢時已經一歲，卡關的狀況是不能摸、人接近時會哈氣。不過B飼主不會強迫摸貓，所以沒有被攻擊、被抓的問題。他們也正煩惱著，這樣下去要怎麼帶貓咪去醫院結紮。

我同樣先請他們不要急，先進行幾週調整試試看。

這兩個案例設定的日標，都是讓貓咪可以接受撫摸、方便就醫，但是要達到這個理想目標之前，需要經歷幾個階段：

1. 先不要嚇到貓
2. 貓願意近距離互動
3. 貓主動磨蹭人
4. 人摸貓咪
5. 人將貓咪抱起移動

每一個階段都必須在貓咪完全信任後，才能繼續解鎖下一個階段。「信任」是日常的累積，累積不容易，但是打破卻很簡單。

課程開始進行後，B飼主和我一起觀察貓咪行為上的變化，包括每週看看貓咪休息睡覺的姿勢、吃飯時的肢體有沒有比較放鬆？從藏身處出來活動的時間有沒有拉長？會不會去探索一些原本不會去的區域？逗貓遊戲是否比較玩得起來等等。

觀察這些貓咪行為，目的是要去確認我們所做的事情，是否有達到貓咪需要的程度，以及貓咪在表達什麼、還需要什麼。

B飼主在課程進行中展現的心態，和A飼主截然不同。

像是B飼主發現原本每次回家後，貓咪會先躲起來大概十到二十分鐘，才會出來活動；但課程進行一週後，大概過兩分鐘就出現了。每晚八點也會自己就定位，等著接下來的逗貓棒遊戲。

此外，原本飼主每次蹲下去撿東西，貓咪都會嚇得躲到椅子下面，好一陣子才敢出來，但課程進行後，逐漸會靜靜看著，表現出願意觀察的樣子。

這樣觀察幾次下來，貓咪發現這個動作好像對自己無害，也就漸漸對不再害怕。

B飼主也常常心花怒放地向我回報：「貓咪比昨天更願意和我玩逗貓棒了！」將這樣的進步當成一個天大的喜訊，覺得心滿意足。

現在貓咪已經和B飼主睡在一起囉！

當飼主願意調整心態看進步的地方，得到成就感，就能不斷注入繼續往前的動力，課程自然也會順風順水。

訓練師筆記

我發現：當我追蹤案情時詢問：「貓咪有哪些行為不一樣了呢？出來活動的時間有比較多嗎？」大部分的人習慣第一時間回答：「牠還是不敢跟我玩」、「牠還是不能摸」等等比較負面的描述。

但從我的角度觀察影片，會發現貓咪在飼主走動的時候，已經不太察看而是繼續休息，出來活動時走路的速度比較慢，肢體也比較放鬆，不像之前常常壓低身體想要快速通過，代表牠比較不會時時刻刻緊張了。

這些進步即使看似微小，但也代表所做的努力已經起步在通往成功的道路上。這是貓咪提供給我們相當關鍵的暗號，只是因為這些改變很細微，所以非常容易被忽略。因此，我通常都會提醒主人要特別觀察「進步的部分」。

飼主A在回報的時候，不斷地重複「還是」、「還是」這兩個字，他彷彿看不見任何貓咪的改變，一味認為自己已經改變了作法，為什麼貓咪卻沒有主動過來？一切為什麼還是跟以前一樣？

這樣的想法，忽略了貓其實已經在進步，如果覺得自己所做徒勞無功，帶著這樣的心態，放棄是必然的。但其實並不是真的無功，只是因為期望值太高，與自己預期的進步速度有落差，最後白白放過了改變的機會。

看不到曙光會使人沒有方向、沮喪，甚至掉入負面思考的循環，最後乾脆放棄。不只養貓，人生的很多挑戰也一樣，需要時間才能看到成果。

我們都知道成功需要堅持，而堅持的這條路上一定少不了荊棘來挫折你。多看看自己進步的地方，是讓你斬退荊棘的能量。貓咪不會表達，更需要我們仔細觀察牠、相信牠。其實你離美好的人貓關係只差一步。

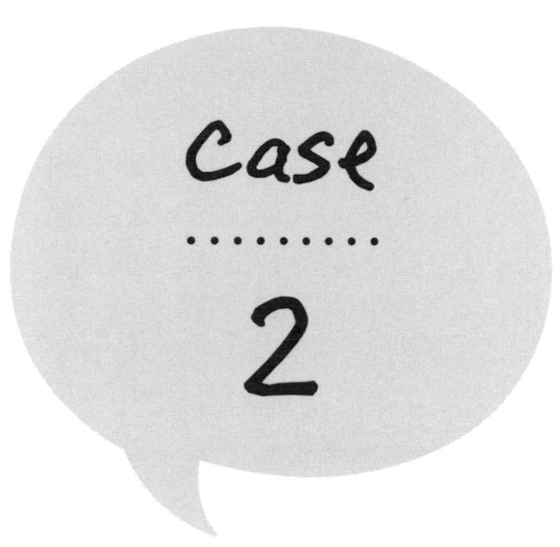

為了你就不恐懼

今年夏天，我接到一個要訓練貓咪打皮下輸液的案子。

這隻貓咪是撿到的流浪貓，從相遇開始就是一隻腎貓。因為已經腎病第三期，每天一定要打皮下輸液，飼主不明白為什麼前陣子都能順利施打，但最近卻常常打到一半，貓就跳走了。

如果在家自己施打不順利，就得帶去醫院請醫師幫忙。但貓咪很討厭去醫院，常常去會搞得人和貓咪壓力都很大；另一方面，她也擔心醫院休診或過年的時候會求助無門。

視訊鏡頭打開，是一隻超喜歡刷存

在感的米克斯橘貓，叫太陽。牠活力充沛，精神很好，從頻頻討摸的行為中看得出和飼主的關係非常親近。

看到這一幕我已經放心一半，因為要能順利打針，關鍵就是貓咪對人的觸摸有一定的好感。

「現在在家打針的情況，大概是怎麼樣呢？」我問。

「有時候能打到，有時還沒打完太陽就會用力掙脫，有一次針還歪掉，差點把我嚇死。」飼主餘悸猶存地回憶著。

我能體會飼主的心情，因為我自己也很怕針，我怕被打針，更怕拿針扎別人。光想到要拿針戳自己的貓，就會緊張到心跳加速，手還會開始顫抖。

打針的技巧是「不能猶豫」，如果心裡猶豫的話，下針動作就會不夠乾脆，這樣貓咪反而會痛，或者沒扎準，又要拔起來再一次。但其實每次打針只有一次扎針機會，以免貓咪被弄到不耐煩。

「怕又不能猶豫，又不能手抖下針，對我們這種不是醫護人員的平凡老百姓，是不是壓力很大？」我笑著對飼主說。

飼主聽完我的經驗，露出安心的微笑，感覺是確定自己找對人了。我以過來人的身分拉近了彼此的距離。

視訊前，我請飼主錄了一段從開始準備打針到打完針的過程，我向她解釋目前看到的問題：

「太陽在打針的當下滿專心地吃零食，後來吃得差不多了就開始左看右看，試圖想離開。但因為還沒打完輸液被按壓住，太陽理所當然開始扭動掙脫，其實牠就只是想跳下桌到地面上好好地洗嘴巴，這是貓咪吃完美食都要完成的清潔儀式。」

「原來牠不是討厭打針嗎？可是牠在醫院都掙扎得很用力。」飼主不敢相信太陽竟然只是要洗嘴巴而已。

「醫院跟家裡環境不一樣唷！雖然同樣是掙扎，但在醫院的掙扎是因為環境緊張，牠動來動去是想要離開診療台，但為了完成打針被固定住，你越想固定貓，貓就越是會表現出反抗、掙扎。」

「不過在家裡就不一樣了，因為太陽很愛吃，在家裡的環境是放鬆的，打針的當下牠眼裡只有美食，沒有躲起來或是有任何害怕的肢體動作。因此，利用美食讓太陽可以暫時維持姿勢，過程中就不需要強行固定牠，我們只要控制讓『吃零食』和『施打』的時間差不多就可以了。」我仔細向飼主說明。

「原來如此！所以只需要控制時間就好了嗎？」飼主恍然大悟。

「等一下，還有一個問題，太陽現在吃的零食是哪些？」我問。

「有時候是啾肉泥，也有喵喵凍乾和小魚乾。」飼主回想。

「那你覺得牠有沒有比較愛吃哪一種？」

「我覺得牠都會吃，好像都差不多。」飼主沒感覺到有明顯差別。

「好，上次順利施打完的影片是啾肉泥，那我們這三天都固定用啾肉泥。」我特別叮嚀飼主，因為每種零食的吸引力強度不同，這可能也是施打不順利的原因之一。

透過鏡頭，我看到一枝筆的尾端不停搖晃，顯然飼主很認真地寫筆記。

「我看影片從開始準備到結束大概是四分多鐘，最後太陽吃完就想跳走了，我們要讓太陽在不耐煩前完成施打。我幫你抓三分鐘，你覺得夠嗎？」

我和飼主確認這樣的安排會不會太困難，如果飼主表現出一點擔憂或不確定，我會再另外修改方案，提供一個飼主有信心達成的目標，才能夠在沒有我親自幫助的情況下順利達標。

「應該沒問題。」飼主還算是有信心地回答。

「從開始吃同時入針，到施打完拔針，幫我控制在三分鐘內，零食的量要足夠吃三分鐘。」我再補充總結一次。

接下來幾天，我收到非常準時的作業影片，在點開影片前我有點緊張，很怕飼主失敗、挫折，尤其一開始若失敗，也會讓接下來的調整難度提高。

幸好，接下來的十幾次打針都非常順利。但我正覺得可以放心的時候，飼主突然又傳來了太陽不耐煩、無法順利撐到打完針的影片。

「老師你看，太陽又跟之前一樣了，但食物都一樣，時間也差不多。」飼主無奈地求助。

「你把零食拍照給我看，我看影片，覺得太陽並不是非常滿意零食，因為牠吃兩口就想離開。」我需要向飼主蒐集一些可疑線索，到這邊我也還不能下什麼定論。

「老師，但食物跟之前一樣沒有變耶。」飼主再次強調食物是相同的。

零食的照片傳來後，我仔細和之前的照片比對，發現裡面似乎混了一點不一樣的東西，不仔細看，肉眼真的很難察覺。

詢問之下，飼主這才知道，幫忙準備零食的家人的確有混了一些其他食物，但沒有跟她說。是太陽那個想吃又覺得怪怪的動作，才讓我們知道食物不對味了！

貓的行為是誠實且單純的，如果不了解細節，會覺得牠鬧脾氣，今天特別不受控、沒耐性。但事出必有因，就像嬰兒哭鬧時，我們會關注他需要什麼？是不是哪裡不舒服？貓的需求就和嬰兒一樣簡單，能吃好睡好，有安全感、和熟悉的人互動，自然就不會無緣無故鬧脾氣。

改回原本的零食配方後，果然太陽又能順利打針了。後續傳來的影片，我每次看都覺得好療癒。

飼主從頭到尾臉上都洋溢幸福的微笑，在準備針劑的時候還一邊哼歌，而太陽用後腦勺對著鏡頭，呆坐在地上，看著飼主忙進忙出，腦袋裡想的只有：「在準備我的啾肉泥了！等一下可以舔啾肉泥了！」

一人一貓完全沒有一點緊張害怕，這部影片可以叫做「快樂打針吃肉泥」。

這位飼主平常其實是個大忙人，照顧一隻生病的貓咪，除了打皮下輸液還需要定期回診，也需要注意飲食、飲水，這不是一件輕鬆的事，需要花費大量時間和金錢。但講到太陽的日常，她臉上永遠充滿笑容。家裡的櫃子也擺滿了輸液的庫存、所有太陽需要的東西。

我在太陽的飼主身上看不見疲倦，而是滿滿的幸福感。她有一顆付出的心，讓她有勇氣去學打針、開始看書、上貓行為課程。付出的心，讓她勇敢挑戰自己的恐懼。也因此，貓咪雖然無法理解為什麼要往牠身上扎針，但牠依然相信主人，依然喜歡和主人在一起。

訓練師筆記

讓貓咪乖乖被打針，其實沒有想像中那麼難，只需要一個貓咪信得過的人、一個安心的位置，然後速戰速決。

事實上，打皮下點滴的痛感是貓咪可以忍受的範圍，一般貓咪都能夠接受，不需要鎮定或是特別轉移注意力，甚至成為日常也可以被習慣。

但抽血就不一樣了，抽血不舒服的感覺比較強烈，不會因為練習讓貓咪習慣，所以有些貓咪難忍抽血的痛，會額外需要給一些鎮定來幫助。

我自己的暹羅貓在三歲以前，每週都要跑一次醫院，每個星期要打過敏針。雖然經過訓練可以讓貓喜歡出門、去醫院不緊張、打針沒有太大反應，但是半年下來，因為回診次數太頻繁，讓貓越來越不喜歡，畢竟再怎麼訓練，都還是去挨針、檢查，做一些牠覺得很不舒服，也不明白為什麼要這麼做的事。

為了在醫療和生活品質之間取得平衡，我和醫生討論是否能自己學習打針，每週來取新鮮的針劑回家施打。

原本去醫院從等待到打完針回家，可能要花上一小時，貓咪從出門開始就預期要去醫院，直到打完針之前的這段時間，都處於高度緊張。相較之下，自己在家打只需要十秒鐘就可以完成，壓力自然減少很多。這也是許多飼主衡量之後，決定自己學習打皮下的原因。

貓咪沒有報復心

這是一個再尋常不過的貓尿床個案，這個貓家庭有兩隻溫柔婉約的布偶貓混加菲，其中一隻叫做鄔瑪的貓咪，有十次以上的尿床前科，家裡兩張雙人床都遭殃過。

我會說這是一個再尋常不過的個案，是因為貓就只選了一個砂盆以外的地方尿尿而不是多處，也還願意使用砂盆，沒有對砂盆完全失望，而且尿床十多次並不算是根深柢固，所以只要想辦法改變這個習慣就可以了。

到了現場，我還來不及開口，女主人就很肯定地大聲對我說：

「老師這個問題很難解決喔！因為我們找過很多有名的諮詢師、溝通師，都說鄔瑪就是喜歡尿床！」

聽到她這麼說，我一時不知該怎麼回答。貓尿床是一個既定事實，貓本來就是因為喜歡床才尿，貓只會尿喜歡的地方，並不需要找諮詢師或溝通師來重複敘述這件事實，更何況找了很多。

我跟在女主人的身後，鄔瑪也悄悄地跟在我身後，嗅聞我踩過的腳步，好奇的鄔瑪在默默地認識我。經過長長的走廊，我們來到家裡最遠的貓砂盆專屬的房間，裡頭有很乾淨的礦砂，也有很乾淨的砂盆。

「我們之前找了諮詢師說要換成礦砂，結果尿床的問題變得更嚴重，本來一週兩次，現在一天兩次。根本就不是貓砂盆的問題！」

女主人有些抱怨之前的專家，但是對我很熱情，似乎期待我能提供不一樣的特殊方法。

「老師我想請問喔！貓會不會報復呀？我們都覺得鄔瑪很想報仇，心裡積怨。」男主人突然出現在房間門口，像是趕場遲到的貴賓，從容地加入今天的諮詢。

「你覺得鄔瑪對你們的仇恨是什麼呢？」我知道貓情緒裡沒辦法載入仇恨，但我需要讓飼主說出自己的想法，聽聽看之前發生了哪些事。

「第一次尿床是因為我們把牠關在房間，那天牠想吃零食喵喵叫，但我沒有給牠吃，後來進去房間就看到牠尿在床上，這證明牠不爽想要報復，對不對？」男主人表面上是問句，但語氣和眼神無疑是肯定句，希望我附和他的理論。

「貓咪不能建立仇恨，牠們的情緒比較單純，像是你的朋友被欺負了，你會想要幫忙報仇，讓對方痛苦，這個叫做仇恨。但是你對貓做了牠沒辦法接受的事，牠只會跟你關係決裂、遠離你，然後另外自己想辦法，因為復仇沒辦法解決牠的問題。」

「我認為不是，貓和狗都是有靈性的，牠們有情感也有情緒，所以不給牠吃零食，牠不高興了，然後用尿尿來復仇，這樣下次牠就可以用尿床來威脅我們給牠吃零食。」男主人完全不理會我說的，像是發表自己的研究一樣，很有把握地對我演說。

「尿液對貓來說，就兩個作用，一個是生理代謝產生排泄物，另外一個是留下氣味，也就是標記，和其牠貓溝通。貓不知道尿尿會造成你生氣，更不知道牠的尿對人類來講是髒的，牠完全想不到尿在你睡覺的地方可以讓你氣到呢！」我試圖讓男主人了解更多知識，希望他不會再拿二十年前的報復傳說來當成新聞。

男主人聽完以後直接搖搖頭，沒有再多說什麼，就給我一個「你的理論我不接受」的表情。

我發現男主人似乎是為了辯論而辯論，完全沒有認真要聽從專家的研究結果。我決定把重點轉回讓貓改善尿床問題。

我們轉移陣地到案發現場的床旁邊，不愧是識貨的鄔瑪，又大又軟又乾淨的床是最佳的尿尿環境，剛剛在邊疆的小砂盆怎麼能比呢？

「之前調整了貓砂盆很棒，不是之前做的諮詢無效，現在，我們需要導正鄔瑪已經喜歡在舒服的床上尿尿這個習慣。我們讓鄔瑪到床上除了尿尿以外，還能優先想到其他事情，例如磨爪、遊戲、睡覺，再用時間的累積去形成新的習慣。所以現在每次鄔瑪進房間到床上，都要是兩位可以控制遊戲的時候，其他不可控制的時間，都直接把房門關起來。」

「老師，那鄔瑪要吃零食我們就直接給牠對嗎？不要讓牠單獨關在房間就不會尿床了吧？」我才剛說完導正鄔瑪尿床的步驟，男主人又問了一樣的問題。

我開始懷疑他們諮詢的目的，究竟是想要貓不尿床，還是只想抱怨自己家的貓？然後用自己有限的知識去組合出一個自認合理的尿尿原因？

「你剛剛說這一週尿床時，都是在房門沒關、你也在房間裡面，趁你不注意的時候尿的，所以跟單獨關在房間沒吃到零食沒有關係喔！」我只好直接指出男主人的矛盾點。「總之，請先按照我的指示去做。」

一開始的兩週都還有按照進度執行，在第三週的時候女主人回報：「破功了！還是會尿床，現在還會攻擊我。」

於是我要了照片，一看發現完全沒有按照指定的擺設，飼主直接將床恢復成原本的樣子。

我問：「剛剛尿的時候床上的擺設有放嗎？」

「沒放啊！想說測試牠還尿不尿床。我覺得牠就是心情不好，砂盆都很乾淨。而且剛剛尿床我吼牠，牠也跟我對吼，最後還咬我！」

女主人完全不知道自己才是造成貓咪尿床的主謀，甚至開始沒耐性用處罰的方式對貓。布偶和加菲的基因非常溫和，可以說是最適合當寵物的貓，要讓這種貓哈氣和攻擊還真不容易，可能需要極大的生命威脅感，現在他們之間的關係完全崩壞了！

「請確實按照步驟進行，貓沒有那麼快建立新的習慣。如果沒辦法確實做到，那貓也沒辦法確實改變。」我認真地強調。

要讓鄔瑪不再尿床，真的不需要什麼特殊方法。兩位飼主很想聽到直接改變貓的祕訣，一遇到失敗又馬上產生諸多不必要的揣測，才會把一個簡單的問題弄得越來越複雜。

我常常想，如果有一種科學技術，可以把我和其他同學經歷過的努力故事直接輸入案主的大腦，讓他們直接看到上百件貓尿床問題是怎麼互相配合成功改善的，他們是不是就不會那麼堅持了？

「堅持」是一件好事，成功需要堅持、改變需要堅持，但堅持用在錯

誤的地方，反而成為一種阻力。

在我的訓練經歷中，太多類似的案例天天在發生，飼主以為讓貓咪改掉偏差的習慣很難，卻沒有發現，那個不願意放下堅持、放下選擇性認知的，其實是自己。

訓練師筆記

很多人都會有想要「測試」的心態，以行為學的角度，我可以直接告訴你「不用測試」，因為故意測試，偏差的行為一定還是會發生。你做的測試不是測試，而是再次給貓犯錯的機會，累積已經偏差的習慣。

在行為訓練的過程中，應該要做的是一定會成功的步驟，不需要去測試貓還會不會再次犯錯。我們並不是要把貓變成我們想像中的樣子，而是考慮貓現在的狀況，去改變自己的既有做法、補強哪裡可以做得更好。至於貓身上的變化，是我們得到的評分。

如果你的貓稍微願意走向你，代表你這段時間做了七十分，還有很多進步空間；如果你的貓願意待在你視線範圍側躺休息，或是喵喵叫對你有所求，代表你這段時間做了八十分，更進步了，仍有成長空間。

若能按照步驟，貓咪經過兩週左右都會有明顯的進步，但是如果飼主堅持己見，不願改變自己去配合調整，就會變成一種惡性循環，不管找再多專家、做再多事情，都很難真的發生改變。

充滿貓的別墅

這天我來到新竹一所知名大學附近的社區，剛到社區門口準備拿起手機聯繫時，飼主已經請管理員拉開六米寬的雕花大門，我緩慢地將車子開進社區，小心翼翼地前進，因為這裡的環境清幽，甚至路上就躺了好幾隻貓。這麼好的環境，養貓養狗一定都很開心，但我這次接到的個案問題是，貓咪到處亂尿尿，尿到飼主快要崩潰了。

一進家門，迎接我的是一隻眼睛發亮的白色博美，牠不但沒有吠叫驅趕我，還開心地一直用兩隻前腳抓我的牛仔褲，然後再用不怎麼有力的跳躍力，試圖跳起來舔到我的手，我覺得牠可愛極了。

但是，同時迎接我的還有濃濃的貓尿味，這個濃度讓我幾乎不能把空氣吸到肺裡。

「我已經聞到貓尿味了！」我一邊換上拖鞋一邊說，飼主幫我把鞋子趕緊收到鞋櫃裡。

「如果不收起來，等一下就會被貓尿了！」飼主說。

「是嗎？我們聞不太出來有貓尿味。」飼主的媽媽也來玄關迎接我，是一位面帶微笑，非常親切的媽媽。

這裡平時住了三個人，包括飼主夫婦和飼主的母親，他們對貓狗盡心盡力，不只家裡的貓，社區的貓、附近的貓、公司的貓……只要是需要幫助的貓咪，絕對不會坐視不管。這也是為什麼，三層半的透天裡只住了三個人，卻有十一隻貓和一隻狗。

據說亂尿尿的問題已經持續超過一年多，這也難怪他們已經嗅覺麻痺。

「我們就從一樓開始檢查吧！哪些地方有被尿過呢？」我問

「玄關蠟燭台、鞋櫃……地毯也有！」

「沙發尿最多，幾乎整張沙發都被尿過，我們已經放棄整理，還有貓抓板。」

「餐桌椅跟瓦斯爐，啊！還有行李箱……」大家開始絞盡腦汁拼湊著。

我看到餐廳圓形的餐桌，旁邊沒有半張餐椅，原來是全部被尿毀壞了，只能丟棄，而不曾改善的問題，也使飼主陷入無法再添購新餐椅的窘境。算一算被尿的物品清單，我心想這裡才一樓而已，還有兩樓半，這可不是一般戰場。

「這幾個砂盆很大、很舒適，砂盆沒有問題，但是太靠近窗邊了，外面野貓比較多，食物和砂盆要移到家裡更內部的地方，這樣貓咪使用的時候比較有安全感。」

一樓簡直是內憂外患，屋子裡的貓咪數量太多了，外面又有來來去去的野貓。我指示飼主把食物、飲水、休息區調整了一下，再把尿過的地方徹底清理，然後使用費洛蒙噴劑，讓貓咪們在一樓的時候可以安心一些。

「外面的貓因為不受環境限制，牠的家可以無限擴大，但是家裡的貓就有很多限制，如果在院子餵貓，這裡食物多，貓就會越來越往這邊聚集，家裡的貓壓力就會越來越大，所以你看窗邊還有門口尿尿的比例偏高，這是貓一直在用尿尿畫領土範圍的意思。」我向飼主解釋。

接著來到二、三樓，這裡的家具和雜物較少，所以沒有像一樓那麼激烈地無所不尿，也沒有野貓的騷擾，主要是貓咪數量多，砂盆的位置和清潔度需要調整一下，我鬆了一口氣，好險不是三層樓的戰場。

在檢查房間的時候，白色的博美又來找我了，用水汪汪的眼睛看著我，但因為我正在絞盡腦汁分析問題，所以沒有特別關注牠的表現。

結果牠一個轉身，就在地上尿尿了，原來牠也有貢獻一份亂尿尿！

「沒關係，我來擦。」我看著飼主冷靜地拿起紙巾將尿擦拭乾淨，現場好像沒有任何人對博美尿在地板感到吃驚。我有一種複雜的感覺，過去一年，他們都過著這樣的日子啊！

幸好，雖然同樣是亂尿尿，但是相較於貓總是選擇一些會吸附尿液的物品、家具，狗狗尿在磁磚上，至少簡單一擦就解決了。

我們回到一樓，我問：「我剛瞄到院子有幾個貓碗，是給外面的野貓們餵食嗎？」

「對，有一隻白色的感覺快生寶寶了，牠最近才來。有一天我開車回家牠走到車子前面躺下，後來又蹭又喵跟我回家，就沒有離開過了。」

「還有一隻比較胖的虎斑，牠之前不小心被關在隔壁空屋，叫了三天才被發現，但是開門牠不敢出來，我們進去引誘了半天才終於把牠帶出來。」飼主說。

這裡的貓真是意外地多，也意外地會尋求人類關注。加上飼主是愛貓人士，也難怪家裡的貓越來越多。

只是這間屋子已經容量超載了，理論上應該是不要再餵外面的野貓，牠們自己會離開去找新的食物點聚集。我正準備開口，但飼主的眼神好像一時之間做不到。

她說：「進出家門貓都會找我，而且會跟來跟去想要吃飯……」

「好吧，那就在離家五十公尺的地方餵，別把家裡的貓氣死。」我笑了笑，畢竟，誰能拒絕得了貓呢？

我們回到一樓準備要結束第一次的調整。這時，飼主安靜了一陣子，突然開口：「老師真的很謝謝你！我真的不知道該怎麼辦，沙發一直都是尿，家具一直丟掉。我每次出差回台灣要下飛機之前壓力就好大，想到我要一直擦一直擦，永遠擦不完的尿，我就很難過，不曉得生活怎麼會變這樣……」

可能是累積了一年多的壓力終於消除，也可能終於找到一個傾訴的出口，飼主一邊說著，一邊眼眶有點泛淚。

「不要難過，你已經很厲害了，要出差要工作還要照顧十幾隻貓，要是我一定忙不過來。今天提到的地方調整一下，幾週後一定會好起來的。」我好怕飼主會哭出來，我實在不擅長安慰哭泣的人。

我知道，他們都很愛貓咪，但是一個人的能力、一個家的能力是有極限的。當超出能力範圍時，不見得能真的幫助到貓咪，甚至會讓養貓變成一件不快樂的事。

「謝謝老師，我們會想想怎麼做對貓咪是最好的。對了，端午節，這個粽子請你帶著吃吧。」飼主收起眼淚，恢復了笑容。

她給了我一個星巴克的星冰粽，還有一個剛蒸好熱騰騰的粽子。

接過粽子的那一刻，換我差點掉下眼淚了。逢年過節我幾乎都是在工作中度過，因為大家放假有空的時間就是我的工作時間。熱騰騰的粽子，讓我感受到她是真心關懷著身邊的人和動物。

後來，亂尿的問題解決後，飼主夫婦自己去進修行為課程，去思考如何付出才能給貓真的需要的，而不是人自認為的好。他們也幫貓咪挑了一些好人家送養，讓每一隻貓都能真正過上舒坦的日子。

我和這位飼主始終保持聯繫，後來，她和她的伴侶成為了我們熙貓樂園的管理師，我們因為理念相近，所以一直走在一起。

去醫院真的是為牠好嗎？
談談過度醫療

這是一個中部的個案，全白毛色搭配藍眼睛，是我心目中的仙女貓外型，牠的名字叫做小嵐。

飼主在資料表上的描述是：小嵐是一隻「不會動的貓」。

小嵐幾乎不敢在飼主面前移動，只有透過監視器才看得到牠出來走動，平常整理籠子裡的砂盆時，如果太靠近，小嵐的耳朵就會壓低、接著哈氣。

飼主收養小嵐一年，唯一有比較多接觸的情況是看醫生。小嵐有慢性肝臟發炎以及牙齦炎的問題，需要不定期回診。每次要帶小嵐去醫院的時候，會和另一位家人一起圍堵，先把貓逼到角落，然後再把外出籠開口對準貓，小嵐無路可逃，只好一邊低鳴一邊踩進外出籠。

其他的時間，小嵐幾乎都是縮在角落，完全不願意活動。飼主之前也諮詢過一位訓練師，增加了一些跳台，平常讓小嵐自己待在房間，不過情況並沒有什麼改變。

「為什麼會想再嘗試一次行為調整呢？」

一般狀況下，很少有飼主會因為同一個問題重複找訓練師協助，因為行為調整幾乎是一次性解決，當飼主掌握相處之道，未來就不會再有同樣的問題，即便發生了，也會知道該怎麼趕緊修正。

而如果調整成效不如預期，大部分人受到挫折，也不太願意再嘗試第二次諮詢繼續努力。所以我實在好奇，想了解飼主真正想解決的問題是什麼？

「老師，我不是期望小嵐可以跟我們一起睡覺、或是給我們抱抱，我只希望小嵐可以不用一直縮在紙箱裡，希望牠能夠快樂一點，但我不確定要怎麼跟牠相處。」飼主說。

原來飼主並不是想要把小嵐變成可以撒嬌、陪睡或者可以跟自己互動的貓，她只是覺得小嵐一直縮在角落，不愛吃也不喜歡玩，是不是不太快樂，或是自己哪裡可以做得更好？

我覺得這個出發點很符合我能提供的協助。

「房間的『紙箱城堡』看起來很豐富，應該花了不少時間做吧？」我看見房間幾乎只剩下兩條地磚寬的走路空間，剩下的面積幾乎被紙箱佔滿。

「對啊！想說多給牠一些躲藏空間，看牠會不會比較好。」飼主說。

「結果呢？牠有進去嗎？」

「完全沒有！」飼主斬釘截鐵又失落地說。

我可以理解飼主的失落，只要她能辦到的事，她都很努力地完成。就像那些紙箱城堡，規模之大，幾乎是一個人類小孩的遊戲場，足夠在裡面的隧道爬來爬去。只不過做了這麼多，貓卻一點都不需要，寧可繼續縮在角落。

由此可見，飼主非常積極、非常渴望能做點什麼，可惜現在的狀況並不適合這麼做。

「我確認一下，小嵐目前的身體狀況，有沒有什麼是醫生交代要特別注意的？像是吐黃色液體就要立刻就醫，或是一天沒有進食就比較危險？」

我先跟飼主確認小嵐的健康狀況，好安排小嵐能做什麼事情、不能做什麼事情。

「沒有，就只有肝臟問題。醫生說可以一年追蹤一次。」

「那太好囉！如果不需要急著抓牠看醫生，我們就有足夠時間修補關係。」

「修補關係？可是我每天都在跟牠培養感情啊！也沒有給牠什麼壓力。」

飼主很困惑為什麼我要用「修補」兩個字來形容她跟小嵐的關係。

「小嵐是誘捕後被你收養的，牠原本是自由在外面獨立生活的浪貓，在還不熟悉你的狀況下被帶去醫院，所以嚇壞了。接下來和你一起生活的這一年，因為前期太頻繁去醫院，牠根本沒有機會放鬆下來並且認識你，不了解你還會陪牠玩或是幫牠梳毛。也就是說，小嵐目前對你的認識只有：會抓我去醫院，其他沒有了。」

「我有試著跟牠玩，但牠一樣不理我。」飼主覺得很冤枉也很無助。

「我了解。因為牠一直處於緊張狀態，所以你百般示好，拿玩具還有罐頭給牠都不會有效，牠緊張害怕，一看見你就開始擔心是不是又要去醫院了，只想躲起來。」我解釋。

好在現在小嵐沒有緊急的健康狀況，剛好可以利用這段時間把關係建立好。等到建立好關係之後再去看醫生，貓就會把飼主和看醫生這兩件事分開，儘管不喜歡看醫生，回家以後還是可以和飼主恢復平常的相處。

我向飼主說明情況後，她恢復了積極，「明白了！那老師你快告訴我，要怎麼做才能建立關係。」

「不要急，我們先不要主動去打擾牠，小嵐縮著躲著的時候，就表示『我現在只想躲起來』，那就順著牠。這種情況想要和貓示好，是單方面的，是徒勞無功的。」我叮嚀飼主不要再嘗試去驚嚇小嵐。

諮詢結束後的幾天，我們透過監視器觀察小嵐的作息，發現晚上十一點半後小嵐最活潑。會先去中間的抓板磨爪，再閒晃一下，吃幾口飼料。

我們又嘗試放了木天蓼棒，小嵐晚上居然自己玩到翻滾，還把紙箱都撞到位移，完全就像一隻一般的自在貓。

過了三週，小嵐無趣的房內生活，提升到了每天都有新玩具、新零食的半夜活動。活躍時間也從晚上十一點半提早到了九點，代表牠已經找到生活樂趣，早早就想探索今天的新樂子。

在第一階段確認小嵐已經有了放鬆的房內生活以後，我準備在第二階段加入一些和飼主的互動。我打算利用小嵐的活躍時間，讓飼主透過門縫和小嵐玩逗貓棒，用我們這段時間測試出來小嵐最喜歡的短羽毛。

前兩天小嵐只敢偷偷地看，頂多伸長脖子，好奇探頭，但還是沒有出手。到了第三天，確認沒有什麼危險的事，開始願意出手抓個一兩下。

或許在人類看來，只敢隔著門玩遊戲，好像不算什麼了不起的進步，但這對小嵐來說是非常大的突破了。

隨著遊戲越來越順利，小嵐越來越活潑，一切看似越來越有希望時，飼主突然傳來一則訊息：

「老師，我還是不放心小嵐的肝指數，明天想帶牠看醫生，有沒有什麼應急的方法？」

我心想，如果有所謂應急的方法，不會造成任何損害，那就好了。

「小嵐精神和吃飯都正常嗎？為什麼突然擔心起來？」我問。

「都正常，但想說距離上次回診已經三週了，應該要再檢查一下。」

「還是你先打電話問問醫生，再決定是否回診呢？因為我們才進行到一半，小嵐才剛願意付出一點信任，這時候又去醫院的話，被破壞的關係會比原本更糟糕，牠會比之前更不相信你，牠需要時間。」

我很擔心小嵐又要面對去醫院反覆檢查的壓力，但我能做的也只有勸說，最終決定權不在我的身上。

後來，飼主還是帶小嵐去醫院了。

小嵐從醫院回來之後，晚上原本已經有進展的遊戲時間，現在又退步回只願意吃幾口飯，吃完就回到籠子裡的紙箱窩著，再也不出來，直到天亮，日復一日。

在我認識小嵐之前，有一個五隻貓的家庭委託我們熙貓樂園做到府照護，那次我和管理師一同前往拜訪，了解每隻貓咪的狀況。

其中，我看見一隻米克斯黑貓因為下半身癱瘓，會在固定的路線排泄，需要不斷清理，飼主還特別叮嚀我們要穿拖鞋，以免踩到「驚喜」。

「嚕嚕是從小就癱瘓了

嗎？還是生病的關係？」我關心地問。

「大概半年前，嚕嚕有一天就突然不能走路，帶去醫院做了好多檢查也不能確定是什麼問題。醫生說要讓牠恢復走路的話，需要開刀看看，但是嚕嚕已經十多歲了，想說開刀還是有風險，而且也不一定會治好。我們看牠照吃照玩，還會跟姊姊搶玩具跟零食，想說牠高興就好，反正地板就每天擦。」男主人說。

「老師，你覺得嚕嚕這樣會自卑嗎？」女主人有點擔心地問。

「當然不會啊！貓咪不會跟別的貓咪有比較心理，也不會驕傲、自卑，牠們只在意自己安不安全、有沒有得吃喝玩樂最重要。」我笑著回答。

探訪台灣各地的貓家庭時，我常常想到「過度醫療」這個詞。

「過度醫療」通常是指小病跑大醫院，或者頻繁地去醫院看診同一個問題，但並不是醫囑要求回診，而是病人希望達到某種治療效果，於是反覆就醫。

在寵物身上，「過度醫療」變成一個更複雜的問題，因為決定是否看醫生的並不是寵物，而是飼主。

就像小嵐、嚕嚕的情況，在並沒有迫切的醫療需求時，如果沒有把貓咪可以接受的頻率納入考量，只是為了看診而看診，對貓咪來說，可能是一種不必要的折磨。

小嵐的事情讓我感到遺憾，我看見牠是可以活潑開心起來的，卻要被強迫執行內心最恐懼的事，或許健康能因此暫時穩定，但每天的心理壓力卻是反覆折騰。這樣的醫療真的有幫助到貓咪嗎？在小嵐的例子看來，可能沒有。

訓練師筆記

生理病痛固然要找醫師協助，如何在醫療與生活品質中找到平衡，是飼主需要面對的課題。

關於貓咪的健康和生死問題，我是這樣看：

一種是必須去醫院的情況，包括外傷、意外、突然食欲和精神不振、大小便異常，需要立刻就醫，不要耽誤治療，也減輕貓咪疼痛。或者有些傳染病，例如貓瘟，幼貓若是晚幾個小時就醫，可能就會有生命危險，這種傳染病也必須等到醫生確認沒問題、貓咪生命狀況穩定，才可以回家觀察。

但另一種情況，是已經檢查過也做過治療，確定生命跡象穩定，自己願意吃和玩，這種情況屬於慢性疾病、不可逆的器官功能衰退，是治不好且需要控制的。這類問題通常只需要定期追蹤。回診的頻率，除了遵守醫師建議之外，也需要把貓咪可以接受的頻率納入考量。當貓咪對於看診的壓力過大，甚至影響進食、活動，就不應該太過頻繁地為了檢查而檢查，

再換一個角度思考，如果這個病是屬於控制而非治癒，並沒有和醫生拿藥物做治療，而是要用飲食控制和增強免疫的方式。那麼有沒有回診檢查，

差別其實只在於報告上的數字變化。

如果你已經盡了最大的努力，乖乖遵照醫生指示，那麼無論數字的變化是好是壞，並不是你做得好或不好、對或不對。這個變化僅是提醒你生老病死的必然。即使不樂觀，又如何？那也是生命的自然現象。

在這個階段，重要的是你珍惜和牠生活的每一天，當你把每天都當作最後一天來照顧，到了真正要面對的時候，你跟牠都不會有任何遺憾。

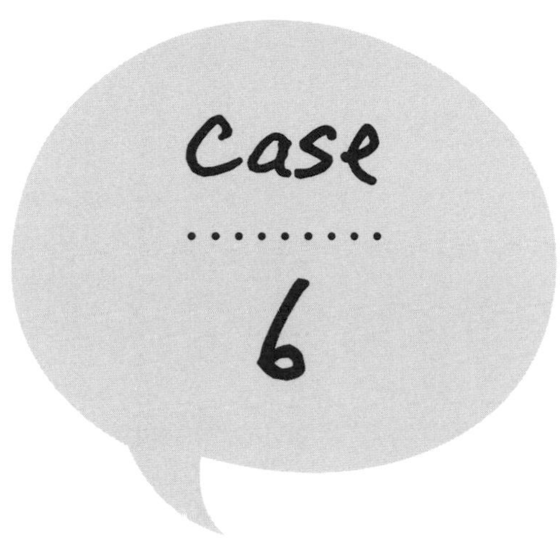

失靈的魔法棒：談談養貓心態

滿心期待要見到一隻才兩個月大的英國短毛貓，雖然我自己也有一隻，但已經是老貓了。每次遇到可愛的幼貓案子，我總會提醒飼主把相機準備好，盡量多拍多錄，因為貓咪的童年咻一下就過去了，

這位飼主之前在國外養過狗，但回台灣養貓是第一次。養之後才發現以前教狗的那套放在貓身上完全不管用，和想像中落差很大，因此才來求助。

兩個月的幼貓，不管有什麼問題，對訓練師來說都是小菜一碟，吃飽玩夠了，牠絕對不會來咬你或叫你。所以按下門鈴時，我的心情可以說是無比輕鬆。

「鈴鈴！」門鈴響了兩聲後，女主人笑臉迎人地開門。

「老師！我們期待你好久了，我已經快被牠搞瘋了！這貓怎麼都不睡覺啊？」

女主人是一位將近五十歲，但是保養得宜的女士，說話也慢慢的，難怪受不了幼貓的冒失衝撞。

我被請進餐廳入座，男主人看起來也已經等候多時，手邊放著一本翻開的書。我覺得一切都很好，只是不明白為什麼家裡堆滿雜物，連走路都要跨過去。

「不好意思啊，我們正準備搬家，在打包，所以家裡比較亂一點。」男主人可能看出我的疑惑，沒等我開口就解釋。接著他問：「老師，請問有辦法訓練貓咪只能走路，不要奔跑嗎？家裡有長輩，很怕貓衝來衝去會把人絆倒。」

原來飼主怕貓衝來衝去是這個原因。我沒有馬上回答這個問題。

「我們等等看看可以怎麼做。嵐嵐呢？在房間嗎？」通常英國短毛貓幼貓很好客，沒看到貓的蹤影，可能是被門阻擋了，才無法過來騷擾我們。

「太難抓了！怕你來抓不到，所以先把牠關起來。」女主人說。

最怕就是這樣，又抓又關的，其實以牠的年紀，只要拿逗貓棒就可以召喚了。因此我們的第一課，就是教他們怎麼讓貓過來。

我拿出了逗貓棒，和女主人說這是魔法棒，只要發出聲音，嵐嵐就會被吸引過來，以後不用再追著牠抓。

「哇！原來這麼簡單，我之前為了抓牠搞得出門前要多花半小時。可是這樣把牠騙進房間牠會不會不開心？」

「怎麼會呢？你平常也有跟牠玩逗貓棒，不是只有要進房間的時候拿出來引誘牠，那牠就不會覺得被騙或被關，因為進房間就是休息而已，晚點就可以再出來了。」

我一邊解釋，一邊把逗貓棒交到女主人手上，讓她學習吸引嵐嵐的揮棒方式。

女主人似乎很滿意，她覺得我把事情變得簡單多了！甚至一直說「魔法棒」，不說逗貓棒了。

「還有，嵐嵐總是會玩自己的貓砂，我覺得很不衛生，該怎麼辦呢？」

女主人又問。此時嵐嵐剛好開始牠的表演，用英短擅長的招式，兩手快速拍打、追擊貓砂。

其實看牠玩得這麼開心，真不好意思剝奪這份樂趣。如果是我的幼貓，乾淨的松木砂掉落在地上被當曲棍球打，我會拿起手機狂拍。不過在女主人眼裡，玩貓砂是髒的、是需要被禁止的，所以我並沒有說出自己的見解，而是給她一個解決方案。

「也是用魔法棒囉！平常有空就跟牠玩，因為牠現在的年紀，除了吃睡，剩下的時間都想玩，找不到同伴一起玩，就找找找剛好找到了松木砂，牠覺得那個大小玩弄於股掌間真好玩。如果魔法棒更好玩，那個松木砂一點變化都沒有，我保證牠很快就膩了！」

「但要注意，嵐嵐玩貓砂的時候，你不要再跟牠說不可以，也不要在牠面前把砂丟回砂盆，否則牠又會去追你丟出去的砂，覺得你也在跟牠玩。」

我特別補充。

「嗯嗯，好。」女主人點點頭。

我也請女主人把長輩的活動時間和嵐嵐的放風時間錯開，以免長輩跌倒。因為想要訓練幼貓不要跑跳，是不可能的，只能做好環境管理，平衡貓和長輩不同的需求。

我想起小學生的校園和補習班都會貼「禁止奔跑」，但到了國中高中以及出社會後，再也沒有看過這些警語。因為年紀長了，再也不會像小時候一樣蹦蹦跳跳，甚至只想躺平，那為什麼不讓孩子在精力旺盛的時候盡情發洩呢？

一個星期後，我準備過去教女主人怎麼幫嵐嵐梳毛。我帶了梳子過去，一樣輕鬆地按了兩下電鈴。

女主人很快就開門了，但這次面色凝重，臉上一點笑容都沒有。

我進門放好包包以後，還來不及開口詢問這兩天的狀況，女主人直接在我面前崩潰大哭，是真的嚎哭，直接略過泛淚。

「你叫我要跟牠玩！你說不然牠會去玩貓砂，我一直跟牠玩，可牠還是有玩貓砂，我看牠玩貓砂我就又再陪牠玩，我哪裡都去不了，跟牠困在這個屋子裡，為什麼養貓害我被困在這裡！」

面紙一張接著一張擦著眼淚，擦過眼淚的面紙直接在手心揉成一團，紙團越來越大，好像快要握不住了。

「哪裡都去不了，讓我壓力好大！這樣我要怎麼出國玩？你教我的魔法棒到最後牠也沒有每次都過來！沒用了失靈了！」女主人還沒說完，繼續哭天搶地抱怨她的壓力。

這就是進退兩難的感覺嗎？我要繼續解決養貓的問題還是要先安撫？要真正解決貓的問題但又不能給任何功課，怕飼主崩潰，我當下完全不知道該怎麼繼續上課。

「沒有那麼嚴重，你方便的時候和牠玩就好，不方便的時候不玩也沒關係的。你做得很好了……」

當時我也還年輕，面對這樣的狀況有點慌，只能盡力保持鎮定，安撫緩和女主人的情緒。

足足過了十分鐘，女主人可能宣洩完了，終於平靜下來。

我幫她看了看失靈的魔法棒，發現她的線玩斷了，又自己綁了一條半公分粗，有一點重量的繩子，這也難怪嵐嵐會覺得無聊，因為很重的繩子沒有辦法使出什麼變化，只能在地上拖行，還是去玩弄松木砂比較有成就感。

「我跟牠玩的時候牠反應不一樣，可能你來牠故意表現。」

女主人看我把逗貓棒修好，然後重新施予魔法讓嵐嵐追來追去，覺得是嵐嵐故意表演給外人看的。

當然，貓咪不是故意的，貓不會做虛情假意的事情，什麼好玩就玩什麼，哪個人懂牠就跟哪個人好，不需要表現給誰看，貓只忠於自己。

「你看，我把線變回跟之前一樣，獵物跑起來比較輕巧，這樣嵐嵐就又開始玩了！至於松木砂，不是立刻就不會再玩。嵐嵐需要時間去發現跟你玩越來越好玩，松木砂越來越無聊，玩砂的次數就會越來越少。」我解釋。

「那牠喜歡跟我玩，可我沒空陪牠玩的話，牠是不是又要去玩砂了？」女主人又開始擔憂。

「不會，每天只要有基本的陪玩時間，另外添購一些小玩具放在牠的遊戲區內，這樣長輩不會踩到，嵐嵐想玩的時候也能自己解決。」

「唉，沒想到養貓這麼多麻煩⋯⋯」女主人愁眉苦臉盯著手上的魔法棒。

第一次見面的時候，女主人對我充滿期待。可能是期待我會改變貓的一切，我並不想讓他們的期待落空，但我也必須老實說，訓練不是一切，飼養還是要付出時間和空間。

尤其在貓咪年紀還小的時候，大部分的時間更是需要看顧，但偏偏女主人又覺得這樣的生活等同於被貓困住。

幸好，他們還能用時間與金錢解決問題。幼貓的童年過得很快，撐過這四個月，嵐嵐就不會像現在這樣頻繁地暴衝，兩位飼主接下來會和長輩分開居住，也不會再有長輩絆倒的問題。

但我還是覺得可惜，因為他們不知道自己失去了飼養幼貓最珍貴、也最大的樂趣。

訓練師筆記

回想我自己剛接回兩個多月大的米克斯幼貓時，每天最喜歡看牠在家裡衝來衝去。牠大肆奔跑，展現自己的年輕體壯，我也會丟玩具讓牠追得更有目標。我很慶幸自己養到一隻內建自嗨功能的貓，不需要我從頭到尾陪玩也很開心。

在我養貓以後，我就不曾在外過夜，在那個沒有自動餵食器的年代，我每天下班都要趕著回家餵貓。但我一點也沒覺得貓困住我，這一切都是因為我先把貓困在我家的。

不少人把貓接回家以後，都覺得自己「被騙了」，原以為貓是靜靜地陪伴，沒想到是瘋狂地搗亂。其實貓沒有騙他們，他們是被當初自己的想像騙了。貓原本就是這樣，有無害可愛的撒嬌時刻，也有固執要求直到目標達成的時刻。我們要學習的不是改變貓，而是怎麼和貓達成妥協。

我的講座常常會講一些很「現實」的面向，目的就是希望每一位飼主在養貓前，充分知道養貓可能會有的生活改變，最重要的是了解貓真實的樣子，而不是自己想像中的樣子。就像選擇人生伴侶一樣，你必須了解自己也了解伴侶，才能真正知道兩個人合不合適。

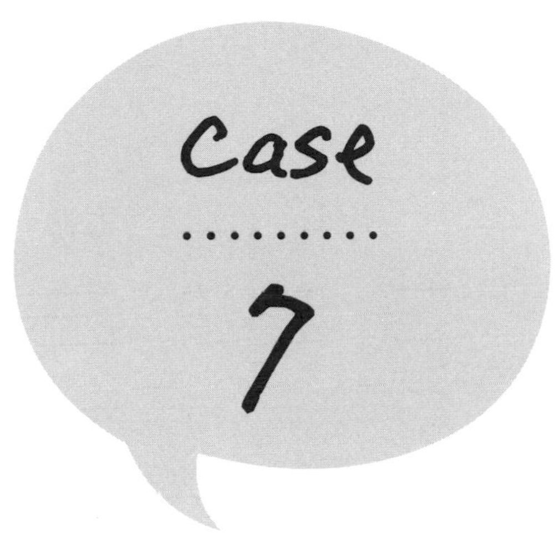

網路資訊的陷阱

眼前這位年輕女孩雖然戴著口罩，還是散發出十分活潑的氣息，她拿出手機把要問的問題一一點開，很怕遺漏任何一個小細節。

「老師，我最近幫查查換了自動餵食機，牠在飯前二十分鐘就會開始坐在那邊一直叫。」女孩說著。我不確定這是問句還是敘事，因為聽起來貓一切正常。

「是想知道牠在叫什麼嗎？還是希望牠不要叫呢？」我問。

「我想知道，我是不是不該幫牠換自動餵食機？因為以前都沒有一直叫的問題，現在早上五點半就開始叫，還專叫我和姊姊，不會叫爸媽。」

「那妳覺得查查在叫什麼呢？」我覺得女孩很聰明，她自己心裡應該有答案。

「是想要吃飯嗎？」

「沒錯！就是想吃飯而已。」

「可是時間還沒到，這樣可以餵牠嗎？」

「給飯的時間應該是讓貓咪選擇，牠什麼時候想吃、需要吃，都能自己解決，就不需要對飼料機和你叫。以前沒有飼料機，牠習慣自己決定什麼時間吃飯了。」我解釋。

「可是，我看網路上都說要定時餵飯，以免肥胖，才想說用自動餵食機給牠定時……」女孩原來是看了網路討論，所以更改了餵食方式。

「查查目前五歲多，有肥胖的問題嗎？」我問。

「沒有。」

「那就對了，查查只是想要決定什麼時間想吃飯就吃飯，並不會因為吃飯時間不固定就造成肥胖，你養牠的這幾年牠都自由進食也沒有過胖，代表你給的飲食和牠的體質都不容易有肥胖的問題，不需要強迫牠定時吃飯。」

「原來如此，都是因為看到有人說讓貓吃buffet，會太胖影響健康。」

「查查自己選擇吃飯時間，想吃就吃，和控制肥胖兩者之間並沒有衝突。你可以觀察查查什麼時間容易肚子餓，比如早上五點半就會開始叫，那可以把自動餵食機給飼料的時間提早到五點，讓牠需要進食的時段有充足食物就可以了！」

我提出了一個簡單的解決方案，並且說明自動餵食機是幫助我們在長時間外出、睡眠、不方便的時候給予貓咪乾糧，並不是用來規定貓咪幾點才能吃飯的。依照貓咪的天性，豈能讓誰來規範牠？

「明白，這樣簡單多了！」女孩如釋重負。

「還有其他問題嗎？」我看到女孩還是繼續滑手機，笑著問。

「我想問，遛貓是不是對貓不好？因為我會遛貓，但我看網路上說這非常危險。」女孩吞吞吐吐地說，一邊給我看她手機裡的內容。

我心想，高手才能遛貓呢！很多人想學都不見得有機會，因為台北的都市型態太擁擠，很多想要練習的貓咪都被嚇飛了。就算成功帶出去，常常貓全程都很緊張，還是沒有發揮遛貓的效果。

我認識的幾個遛貓人，都會特地選在平日晚上十一點後，市區公園幾乎沒有人的時候，他們的貓才可以遛得自在，不過代價就是要摸黑和餵蚊子，萬一貓上樹了，可能還要熬夜陪牠賞月，所以我認為辦得到的都是高手。

「遛貓不見得都是危險的，你有之前遛貓的影片嗎？」

女孩把手機打橫，我們兩個一起看查查在草地打滾，還啃了幾根草吃。影片背景傳來很嘹亮的鳥叫聲，我認出這是烏秋，因為我們家附近的烏秋很囂張，經常吊我家貓的胃口，一下在東邊窗戶叫兩聲，一下飛到南邊窗戶叫兩聲，把我最愛看鳥的兩隻貓耍得團團轉。

影片中的查查聽見鳥叫，彷彿石化了一樣，緊緊盯著鳥看，頭和身體完全不動，只有尾巴用力地左右搖擺，欲望高漲的樣子全都被錄了下來。

「哇～查查很開心欸！你怎麼辦到的？」我驚訝地問。

「我開門時如果牠想出去，就幫牠繫繩子，讓牠自己出去院子逛，我就跟在牠後面看牠什麼時候想回家。」女孩說。

原來這片草地就是查查的家，主人門前有一小塊庭院，從家門口出發，不但安全，還方便天天執行。

「很棒啊！遛貓和餵飯一樣，都是讓查查決定今天要不要出門、什麼時候回家。我認為你做得很好，會觀察查查的需求，再想辦法滿足牠。查查這樣出門開心自在，有狀況也可以隨時跑回家避難。」

「對！如果有奇怪的聲音，牠都會立刻跑回家。」

「那當然啦！查查喜歡你給牠的家，牠覺得很安全，請繼續維持你的遛貓方式。」我說。

「可是為什麼在網路上搜尋遛貓，都會查到很多負面說法呢？」女孩感到很不解。

「不要太緊張網路上的傳說，因為每一隻貓咪狀況不同，生活的環境也不同，遛貓沒有絕對的危險或者不危險，像查查的狀況，基本上是最安全的遛貓環境了。」我鼓勵女孩順從自己的觀察。

女孩養貓的方式原本沒有什麼問題，看了網路資訊，反而開始擔心自己做錯了，越查越多，心中就越懷疑：既然大家都這麼說，是不是我錯了？應該要改變？這種潛在的少數往多數靠攏的意識，讓她無法相信自己親眼所見。

當案主帶著問題來找我時，我不曾給出一成不變的回答，而是先確認情況。例如女孩所說的「遛貓」是什麼樣？如果是開門讓貓獨自在庭院晃晃，查查在過程中安全又自在，那麼何樂而不為呢？

「謝謝老師。」女孩終於把手機放下，心滿意足地離開。

「要相信自己喔！」我對女孩說。

訓練師筆記

我遇過不少認真查資料的飼主，常常看到網路說法，就開始擔心自己養貓的方式不對。更換各種用品、買小道具，甚至想要改變貓原本習慣的作息。

在這個時代，網路上資訊量龐大，隨手一查看到的教養方式可能就比我讀過的相關書籍還要多。但因為來源五花八門，還夾雜許多個人經驗分享，這些資訊不一定是正確的，也不一定適合自己的貓。

如果想要吸收有關貓的知識，我建議可以閱讀書籍，相較於網路分享，書籍內容通常比較正確可信，網路的資料來源則當作參考就好。

心的缺口

　　這應該是我見過最大隻的邊境牧羊犬了，黑白雙色，目測應該有將近三十公斤，用和水管差不多粗的牽繩緊緊拉著。飼主的身軀小小的，形成鮮明的對比。

　　一人一狗朝我走來，半途突然殺出兩隻狗狗熱情招呼，是前一個案子的比熊犬。邊境主人嚇了一跳，用力拉緊牽繩，想拖著狗狗移動到我面前。

「來，先把比熊同學抱起來好嗎？因為這隻邊境有點緊張，再繼續可能會不太高興喔！」我不慌不忙地對比熊犬的主人說。我其實講得比較委婉，因為根據我的觀察，牠們可能馬上就會打起來。

　　沒想到邊境飼主聽了卻說：「不會不會！三井對其他的狗狗不會怎麼樣，可以不用把狗狗帶走沒關係。」原來這隻邊境的名字叫做三井。

　　三井的媽媽一邊拉椅子坐下，一邊拖著三井，顯得有點狼狽。

「三井媽媽，讓比熊同學去旁邊玩，我們比較能專心聊聊三井的問題。」我看見三井又是露眼白又是暫時停止呼吸，已經是箭在弦上，隨時都有可能發難，馬上請比熊的主人把狗狗帶開。

三井終於在媽媽和我的腳邊安靜趴下，剛剛被拖行的緊張放鬆下來，身軀顯得更龐大了。

「可以描述一下三井的狀況嗎？」我問。

「牠會漏尿，」三井媽媽直指問題，然後自己接下去說：「是因為牠不開心對不對？每次牠睡醒就會看到，灘尿在床上，是不是有哪裡不滿意？因為也去醫院檢查過了，沒有生病。」

「睡覺醒來發現漏尿，這和生理有關，如果是行為和情緒造成漏尿，一定是在非常激動的情緒下發生，例如太興奮或者太挫折。但三井的情況是在睡覺起來後發現，這個就和行為問題無關了。獸醫師怎麼說呢？」

「看過好幾個，每個醫生講的都一樣，說給牠吃一些保健品，還有減肥。」三井媽媽說。

「那就對了。目前看起來，體重可能是造成看起來像是漏尿的問題，有嘗試讓三井減肥嗎？」我的想法跟獸醫一樣，認為最明顯的問題是體重，因為過重的身材會影響行為，這裡指的是行動，而不是行為問題。

「有啊！但是改給牠吃減肥處方飼料，還是沒用。」三井媽媽說，但是表情有點猶豫。

直覺告訴我，三井媽媽沒說出所有實話。因為不可能吃處方減肥飼料卻毫無改變，頂多不到理想體態，但是一點改變都沒有就太奇怪了。三井的體型真的非常龐大，由上往下看，就跟伯恩山一樣，絕對是吃出來的。

「除了飼料，三井平常還有吃些什麼東西嗎？」我認真地問，「了解越多情況，我們才越能解決問題。」

「嗯……其實……三井也會吃人的食物。」三井媽媽猶豫許久，終於招供了。

「人的食物？是三井自己偷偷去吃的嗎？還是有人會跑來餵牠呢？」

「都不是，是我餵的……我覺得牠當一隻狗已經很可憐了，怎麼還不能吃自己想吃的東西？所以牠想吃我手上的東西，我就給。我承認我忍不住，就是想給牠吃，因為牠看起來真的很想吃。」三井媽媽一口氣說出這段話。

我心中升起了許多疑問，為什麼三井媽媽覺得當一隻狗是可憐的呢？讓狗狗快樂的方法其實有很多，為什麼她會覺得能給三井的快樂只有吃，似乎不知道其他讓三井快樂的方式。

「我了解，不過像三井這麼愛吃的狗狗，只要是食物都會想吃，牠只是因為看到你手上有食物，所以眼巴巴望著你。」

「其實狗狗有一個天性是服從，牠能因為服從而感到快樂。所以即便沒能無止境地吃，你下指令讓牠完成，都會是牠成就感的來源。在牠趴下的時候摸摸牠、安靜的時候稱讚牠，都可以讓牠快樂搖尾巴。」我說。

說完以後，我請三井媽媽趁著三井現在很放鬆的時候摸摸牠，三井開心地抬頭並輕搖尾巴。

「這樣比較知道該怎麼做了嗎？你還是可以幫牠選些適合的食物餵牠，

只是量一定要減少。還是有哪些原因會讓你克制不住想要餵三井呢？」

直覺告訴我，應該有一些特殊原因，才會讓三井媽媽明明知道三井已經過重了，卻還是持續給牠吃人的食物，減肥飼料只是用來消除罪惡才餵的。

三井媽媽再度露出猶豫的表情，好像不知道該怎麼回答我。過了幾秒後突然轉換話題，問我：「老師，那我想問另一個問題，為什麼三井有時候會突然咬其他的狗？」

我好氣又好笑地心想，你剛才堅持說三井不會對其他狗狗怎麼樣，現在問這個問題，豈不是承認了三井不只一次和其他狗狗打架？

「按照剛剛我看到的狀況，三井已經把頭轉開、露出眼白，也試圖閃開，可是你抓得更緊，讓牠沒有地方躲避，進退兩難。在無法逃離之下，牠就可能會選擇攻擊。以後建議直接帶三井離開，不要讓牠困在原地。」

雖然很想知道答案，但三井媽媽顯然不是很想討論餵食話題，因此我也沒有追問下去。

後來我才偶然得知，原來三井媽媽之前生了一場跟腸胃有關的大病，導致很多食物都不能吃，來上課的時候氣色已經好多了，但還處在恢復期。

原來如此，是因為自己不能吃喜歡的食物很難受，她才會無意識放大三井想吃東西的欲望，覺得好像永遠都填不滿。三井的身軀有多龐大，代表三井媽媽心中的缺口應該就有多大吧。

訓練師筆記

許多飼主會因為自己對某些東西的好惡，也不知不覺用同樣的標準去認定寵物。而寵物的行為，往往反映了飼主的對待方式。

也因此，許多寵物問題挖掘到最後，經常埋藏著一個飼主心中的缺憾，或者還沒痊癒的傷口。原本以為的寵物問題，其實是飼主自己的功課。

神桌貓淇淇

許多行為問題現場常常令人心驚膽戰，有時候貓尿的氣味嗆鼻不已，又或者是場面一片混亂，彷彿雞飛狗跳。然而，也有一些令人嘴角上揚的趣味場景。如果要我歸類，淇淇的案件無疑屬於後者。

故事的主角淇淇是一隻虎斑母貓，牠的專長是跳上神桌，與佛祖「並肩齊坐」。這奇特行為引起了家中長輩的不滿，威脅要將貓咪趕出家門，並對飼主施壓，要他找出解決辦法。

「晚餐時間貓咪都會去神桌上撥弄香灰，有時還順便擲個筊，奶奶就會發脾氣，有時候氣到連飯都不吃，我只好敲鐵鍋把牠嚇走、關在房間裡。」飼主無奈敘述。

「有沒有嘗試過其他處理方式呢？」我問。

「我之前有拿零食吸引牠下來，奶奶的話會大喊加上拍桌子，但後來都沒什麼用。」飼主說。

聽到這裡，我心裡已經有數，想像淇淇坐在高處，儀態萬千，看著人們

佛
下來

在下面敲打鍋子，嘴角忍不住微微上揚。

到了晚餐時間，我一進門，立刻見到端莊地坐在佛祖旁邊的淇淇，在視野最好的高處用圓圓的眼睛凝視著我，看起來毫不知情，毫無疑慮地佔據了神桌的中心寶位，畫面實在有趣極了。當然，我為了尊重案主，努力壓抑著笑容，展現出嚴謹的態度。

過了兩分鐘，淇淇決定從神桌上下來，充滿興趣地檢查我身上的氣味。這隻貓顯然毫不怕生，充滿好奇心。雖然由於過去的種種經歷，牠曾被關在房間或者受到驚嚇，但幸運的是，這些事件並沒有損害牠對人的信任。從牠的眼神中可以看出，牠大多數的時間都在尋找新奇有趣的事物，沒有感受到太多擔憂和恐懼。

「最近我們束手無策，只好都不理牠了。」飼主無奈地說。

「那很好，我其實就是要你們不理淇淇喔！」我說。

事實上，嚇阻、獎勵都不會解決問題，反而變成貓咪在訓練我們：只要一上去就能獲得零食或者獲得極大關注。對淇淇來說，上佛桌有時候有好吃零食，有時候好言相勸，有時候被嚇走，簡直就是個驚喜包。

原本單純只是因為佛桌地理位置絕佳，上去看個究竟，結果意外獲得各種驚喜，更確定了這真是個好地方，一定要常常上來坐坐！

「所以是我們讓牠覺得上去很好玩嗎？」飼主恍然大悟。

「是的，從現在起，只要淇淇上佛桌，你們就要完全忽略牠，貓咪只要一上去就當作隱形，只有當牠去你附近，或是設定好你要和牠交換條件的位置，你才會看牠、拿零食給牠。」我一邊規畫一邊解釋。

「這些調整可以減少貓咪一天上神桌的頻率和時間，但不等於讓淇淇此生都不踏上佛桌半步，因為貓天性會跳高，日後若生活有什麼變動，牠可能會經過一下，或是上去看看。不過隨著時間推移、隨著年齡的增長，牠對這些事物也會變得不再那麼好奇。如果奶奶還是生氣，可以跟她解釋喔！」我補充說明。

「沒問題！其實奶奶很喜歡淇淇的。」飼主笑著說，「她嘴上說得很凶，但是下午都會坐在搖椅上讓淇淇睡在旁邊，跟貓咪講話聊天。也是因為這樣，我本來想過帶著貓咪搬走，但後來還是決定尋求訓練師協助，不要拆散她們祖孫。」

三週後，這堂課順利結束了。之後到了晚飯時間，淇淇都會在旁邊乖乖理毛，等飼主用餐後一起外出散步。平常在家也幾乎沒有看到淇淇待在佛桌上「擲筊」了。

我從來沒有見到奶奶本人，但在上課時，我一直看著奶奶下午坐的搖椅和旁邊淇淇的睡墊，可以感受到他們和淇淇一起生活的快樂遠遠大於衝突。相信佛祖看在眼裡，也是開心的吧！

訓練師筆記

常常有飼主向我求助，希望限制貓咪不要進去某些地方，例如廁所旁的地板、洗手台、床底、沙發底下，或某些小房間，這種情況在各個貓家庭中都屢見不鮮。

然而，我們往往會發現一個有趣的現象：禁止得越嚴格，貓咪就越非去不可。結果演變成你追我跑、抓來抓去，最終貓咪可能變得愛咬手或是討厭被摸。

這不是因為貓咪天生反骨，越禁止牠越是喜歡唱反調，一切都是因為探索的天性。

每次你進出浴室或倉庫的門，開開關關時，你都點燃了牠的探索欲望，畢竟在家中，貓咪可以探索的地方實在太有限了，對於這些未知的領域，牠們自然充滿好奇心。特別是那些曾經突破障礙進入過幾次，但尚未完全探索的地方，對貓咪來說格外有吸引力。

從行為的角度來看，因為貓曾經踏進去卻尚未探索完成，所以牠需要每天都去確認這塊區域的狀況並且留下記號。

然而，如果你經常對貓咪說「不可以，不可以喔！」或試圖用小零食誘導牠離開，這些方法可能都會強化貓咪的當下行為，反而加劇了問題。在貓的世界裡，「限制」往往不是解決的辦法，反而可能加深了困境。

要解決這個問題，恰恰要把思路反過來：讓貓咪去盡情探索，結果牠反而不去了！請牢記「用獎勵取代限制」這個原則，通過正向的引導和適時的獎勵，我們可以在解決問題的同時，建立起更良好的關係。

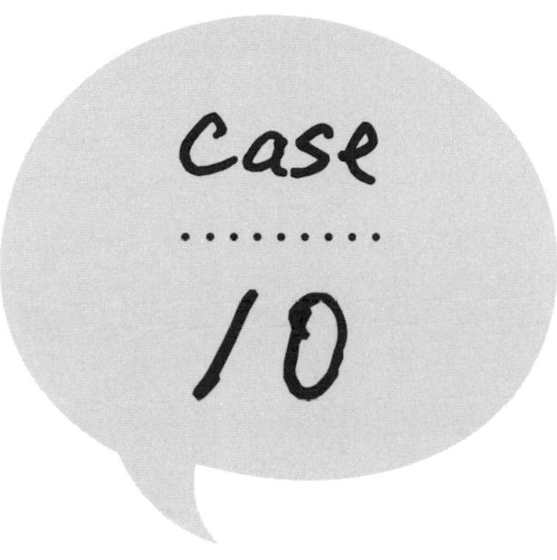

牠攻擊只是因為害怕

影片中，可以看見一隻五個月大的藍色英國短毛貓，還上了字幕「沒養到招財貓，養到散財童子」。而在牠身後，櫃子上的塑膠收藏品散落一地，貓在一旁繼續玩弄分崩離析的殘骸，似乎完全不覺得自己做錯了什麼。對牠而言，這是一場大事業，千辛萬苦攻頂找到了新獵物解悶，再把獵物從高處收押回地面，讓牠深感成就感。然而，心愛的收藏品被破壞，看在飼主眼裡只有一團火。

影片最後，我聽見男主人發出怒吼，並用手壓住貓的脖子，企圖給牠一個教訓。貓努力掙扎，卻又被更大力壓在地上，畫面在貓低嗚聲中結束。

在實際與飼主面對面之前，我通常會先蒐集貓咪的日常影片，藉此觀察平時的行為。這可以幫助我更深入地了解貓、貓的生活以及飼主的處境。只有更多的了解，我才能找到問題的根源。

約定到府察看的時間到了，我和小幫手一起抵達飼主家。女主人和女兒幫我開了門。當時正下著大雨，我的牛仔褲從大腿以下都被淋濕了，我在玄關整理了一會，但直到踏進客廳，男主人和貓咪都沒有出現。

我問：「啾比會害怕陌生人嗎？」

「不會，啾比完全不怕陌生人！」女主人說。

我心中猜想，或許此刻啾比正在休息或睡覺，不然一般不怕人的幼貓最喜歡看看有什麼新鮮的客人來訪，一定會出來探探。

「老師來了喔！」女主人有點不好意思地對著房間呼喚先生。

「啾比躲到桌子底下抓不到。」我們聽到先生從房間內對外求救。

我趕快請男主人自己先出來就好，不用抓啾比，這才開始今天的課程。

男主人是一位彪形大漢，身材高大，看起來有點凶，聲音也很粗獷。他請我們坐在沙發上，自己再坐下來，然後情緒激動地開口：「教不會！不像人家抖音上的英短，叫一聲就會過來，摸牠也不會咬人。老師，你有相關經驗嗎？」

「牠還會去喝魚缸的水，我那些魚上星期還有十二隻，你看現在又一隻快要不行了。」講到一半又起身去指那幾隻魚給我看。

「最不能接受的是做錯事教牠，牠還要凶我。可是平常我坐沙發牠會過來討摸摸，我摸牠也很喜歡，肚子翻過來好像很舒服。但現在我回家剛進門，牠會先去躲起來，去找牠會哈氣，跟牠說不可以，牠還出手想打我，很奇怪捏，也沒對牠怎麼樣啊！」

男主人滔滔不絕，越說越激動，我完全找不到開口的機會，乾脆讓他一次傾吐完畢。

啾比的問題似乎多種多樣，但它們實際上都可以歸結為同一個核心問題，那就是幼貓的正常行為，飼主都用訓斥的方式處理，導致人貓關係變得緊張，進而出現哈氣和攻擊等行為。這樣的問題在寵物飼養中屢見不鮮，一旦人貓關係受損，就必須由人主動重修舊好，因為貓咪沒有修補關係的邏輯，牠們會避開相處有壓力的人、關係不好的人，如果無法逃避，牠們則可能選擇發動攻擊。

「啾比這些問題其實並不算大，像弄魚缸、打翻東西，這些行為主要是因為牠還是幼貓，正處於喜歡探索和打獵的年齡。但是牠現在沒有同伴，在家裡也沒有獵物可以抓，只好去撈魚、把東西推倒製造一些聲響。如果家裡收得乾乾淨淨，牠就會自己找東西取樂，找到那些你不能給牠玩的東西。」

我拿起一根逗貓棒遞給女主人。

「所以，我們要讓牠想玩的本能發洩在玩具上，每天覺得玩具最好玩、期待你們什麼時候陪牠玩，相較之下，那些魚啊、小東西就沒什麼興趣了。等啾比愛上和你們玩，每兩天再變化一下玩具，這樣才有新鮮感。」

「可是，我們有陪啾比玩啊，但陪了也沒用，啾比還是會惹麻煩。」

陪貓咪玩逗貓棒，但貓咪還是調皮，於是就乾脆不玩了，這個邏輯是不正確的。逗貓棒有沒有比其他東西好玩、有沒有從中獲得成就感，都是成敗的關鍵。假如逗貓棒沒有讓貓咪獲得狩獵滿足，牠還是會去尋找更有趣的事情。

我請男主人示範平常怎麼跟啾比玩逗貓棒給我看，果然就是不停揮來揮去，啾比衝來衝去一直沒有抓到，所以看起來好像是玩了幾分鐘，實際上啾比從頭到尾都在撲空，毫無狩獵者的成就感。

「像這樣，讓啾比用手掌蓋住羽毛、然後把羽毛咬在嘴巴裡，給牠抓到，這樣牠才會覺得好玩喔！」我一邊示範，一邊解釋。

「所以啾比是因為我們不陪牠玩，所以才生氣凶我們嗎？」女主人疑惑地問。

「對你們凶的問題，實際上是因為你們訓斥的方式讓啾比害怕了，但是牠又不理解是什麼事情惹你們生氣。有時候，即使你們接近牠沒有要做什麼，但如果出現類似姿勢，牠也會感到緊張。」

「這麼說來，我去摸摸牠跟要揍牠的動作好像沒有差很多。」男主人恍然大悟。

「對，啾比之所以哈氣，是希望你能停止凶牠，離牠遠一點，出爪是因為實在害怕極了。都已經哈氣跟你溝通了，你還繼續訓斥，所以你的手過去，啾比只好自我防衛，發動攻擊。」

我把問題的來龍去脈解釋一遍，兩位飼主彷彿第一次聽到貓邏輯，努力思索消化中。

「之後要避免像影片的這個手勢和動作，因為牠會以為你又要凶牠，有時候你接近牠也沒有要做什麼，可是牠看到你眼睛看著牠走來，又加上這個手勢，牠就緊張哈氣了！接下來每次找牠都要拿玩具，讓貓咪聽到鈴鐺聲音就想到和你一起玩的美好時光，這樣就可以慢慢改變相處的經驗，一點一點重新累積信任。」我解釋。

「原來啾比是在怕我嗎？但我只是想要摸牠，牠卻以為我要揍牠……我有這麼可怕嗎？」男主人聲音變小，露出難過的表情，原來男主人雖然外表粗獷，心中也有個希望被貓愛的貓奴魂。

其實小搗蛋問題都很好處理，如果飼主只是默默把東西收好，學習逗貓技巧，問題很快就會被解決，也就不至於演變成人貓關係壞掉的狀況。幸好為時不晚，雖然貓咪不會忘記曾經發生過的陰影，但只要飼主有心，還是有機會修補的。

訓練師筆記

動物出現攻擊行為，背後的原因其實是因為害怕。假使用打、罵、聲響讓貓咪感到害怕等調教方式，貓咪內心會很衝突，想說：我們平常不是好好的嗎？你會餵我吃零食也會摸我，怎麼突然怒瞪我，還發出很大的聲音嚇我？

文中的啾比害怕自己會受傷，因而表現攻擊行為；母貓會害怕小貓受傷，而採取攻擊行為，也是出於害怕小貓受傷；同樣地，野貓為了捍衛自己的領土，害怕資源和家園不安全，也會展現攻擊行為。這些情形在根本上都是源於恐懼。

我們與動物之間的關係是相互的，不應該使用暴力或讓牠們感受威脅的方式來教育牠們。在一個和平的生存環境中，牠們就不需要提著牠們的爪和牙上戰場，更不必使用攻擊作為防衛的手段了。

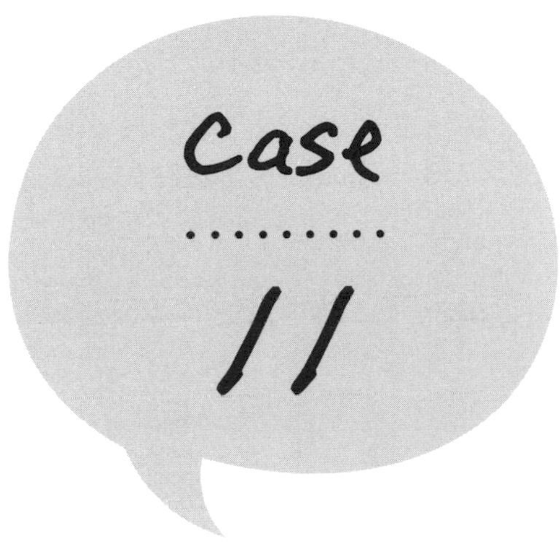

養貓不是一個人的事

在新冠疫情爆發前，我每個月都會舉辦一場約二十人的小講座，鼓勵主人們帶願意外出的貓咪一同參加。

我這麼做的原因是，許多飼主天天出門為生活打拚，貓咪在家裡閒閒沒事做，這導致貓咪在飼主回家時一個累了想休息，另一個充飽電了準備開戰，使得生活作息不協調。因此，我想創造一個機會，讓貓咪出門不僅僅是去醫院，也能累積有趣的經驗，透過各種刺激達到放電效果，回家就和主人一起呼呼大睡。

這系列講座還有一個特色，為了讓共同照顧貓咪的家人能夠標準一致，親友一起參加講座不加收人頭費。雖然這增加了我的工作負擔，但我認為這可以減少家庭成員間對貓咪認知和溝通上的差異，對人和貓相處的幫助更大。

某一場講座，來了一位看起來還是大學生的女孩，她帶了男朋友一起來。參加過講座後，她想安排到府協助，解決她家小貓咬人的問題，並希望男友也在場參與，我欣然同意。

到了她家後，我進入客廳，家人們正在看電視，向我簡單打了個招呼，「老師你好！哇～老師好年輕。」就繼續觀賞節目去了。我原本以為他們會積極參與，但看這個樣子，我了解到真正的挑戰並不是處理小橘貓，而是和父母溝通協調，因為他們對於飼養貓的期望和理解不同。

一問之下，原來當初女孩把小橘貓帶回家時，爸媽是反對的。父母只同意貓咪住在女孩的房間。然而，這個房間只有不到四坪，只放了一張床和一個衣櫃，哪裡關得住一隻登陸地球準備遊戲人間的幼貓？

女孩和男友帶我走進了小橘貓躲起來的房間，開始今天的任務。

「牠現在非常緊張，我們先不要看小橘喔！」

我看見小橘瞪大眼睛壓低耳朵在棉被縐褶中躲藏，判斷牠的恐懼指數有中上。由於房間空間有限，牠無法找到足夠的藏身地，對牠來說，我這個陌生人就是一個封鎖牠逃跑路線的威脅。

女孩的手上和腳踝上都留下了小橘貓的抓傷痕跡，我問她：這些傷痕都是在什麼情況下發生的？她回答：「當時需要抓牠吃藥，但後來牠咬得太痛了，根本抓不住，最後也沒餵到藥。」

「那小橘咬你的時候，你通常會怎麼對付牠？」我問。

「之前常用零錢罐嚇走牠，但後來也沒用了，而且爸媽被咬，也會怒吼、用水噴牠。」女孩自責地說。

小橘貓的緊張狀態並非只因為我站在門口，牠的眼神告訴我，牠生活中充滿了害怕，但是牠不知道該怎麼辦，零錢罐、爸爸怒吼、噴水，這些對小橘來說都是不定時炸彈，牠不知道為什麼人類會突然變一個樣來嚇牠。

一隻貓該有的活動空間，起碼要能跳上跳下，曬曬太陽看看風景，偶爾在走廊暴衝一下，被關在房間會讓小橘無所事事，女孩和小橘待在房間時，除了睡覺和進食外，瘋狂狩獵女孩變成了每天唯一能做的「貓事」，牠沒有其他更好的選擇了。

隨著小橘培養出咬人的習慣，情況就更加失控了。女孩不得不將小橘關在房間的時間拉長，加劇了惡性循環。每次被釋放出來就開始大放電，看不到所謂的cat walk，永遠在橫衝直撞和咬人。

我對女孩說：「講座聽完，你應該大致了解問題所在吧？」女孩點了點頭，但因為這牽涉到改變家人的態度，她仍然感到無力。她跟我分享：「我試著跟爸媽溝通，但他們只會說貓是我自己帶回來的，解決辦法就由我自己想。」

我安慰女孩說：「我們可以從你自己做起，先讓貓不再咬你，然後讓你的父母看到小橘乖乖的樣子。」我了解，當爸媽眼中只看到狂暴的一面、洗好的衣服上沾滿貓毛、總是跳上桌子或鑽進櫃子下，這時想改變父母或要求他們配合是不可能的。只能先讓小橘和女孩的相處變得融洽，展現出可愛、乖巧的一面，才有機會進一步和父母談論其他要求。

女孩非常認真地投入在每個任務中，她是有史以來最認真交作業的學生，所有被咬的鏡頭都沒放過，所有我交代的練習影片都有回傳，我每天就像準時收看八點檔一樣，定時觀看她傳來的進度。

甚至有一次，小橘貓都已經咬上手臂，像無尾熊一樣巴著不放了，女孩一邊拿紙板隔開貓，但還是繼續堅持錄影。

經過兩週的努力，情況並未如預期改善，新的傷痕依然不斷增加。與家人的方式不協調實在是艱鉅的挑戰。女孩告訴我，她的父母看到她不斷進行各種練習卻仍被咬，還不時冷嘲熱諷：「這隻貓沒救了啦！」「都找老師了還不是一樣，幹嘛每天那麼忙？」

這些話聽在女孩心裡，壓力和衝突當然更大，不過女孩並沒有選擇跟家人衝突。

「老師，請你不要放棄我。」某天晚上，我除了收到影片，還收到女孩這樣的訊息。

我回覆：「我沒有放棄過任何一隻貓和學生。」

一般人兩週不見改善，很可能認為自己的貓就是特別差勁，或者找老師沒有幫助。女孩之所以能夠堅持，可能是因為她對我的信任，或者是她內心深處那股堅毅的力量。無論如何，她繼續努力，我也繼續給予指導。

終於在經過相當長的六週後，花了足足比其他案例多上三倍的時間，小橘貓幾乎不再咬人了！女孩的努力和耐心得到了回報，她的付出讓小橘從一隻不安的貓咪，轉變成一隻開朗溫馴的可愛寵物。

對小橘來說很重要的陽台，也終於獲得了父母的同意，開始在布置防護網。當初他們連讓小橘貓出房門的機會都不給，但收服爸媽後，現在小橘可以在鋼琴上打盹、在陽台上散步，甚至躺在走廊上讓爸爸摸肚子。再也不會有當初害怕的眼神在傳來的影片中出現。

我和女孩一直保持聯繫，直到她大學畢業，至今仍然如此。女孩曾感謝我是她的救命恩人，我告訴她：「我只是做我平常的工作而已，是你的信任和努力拯救了你自己。如果你一開始沒有選擇相信我，我又怎麼可能幫助你呢？」

女孩說，當初她因為小橘貓和家人衝突而情緒低落，曾考慮離家出走，甚至有一度想放棄生命。所有問題糾結在一起，讓她感到無法承受。直到她在網路上看到我的講座資訊鼓勵家人一起參加，了解到「養貓本來就不是一個人的事」，才看到一絲曙光。

「男友起初覺得帶親友免費參加講座很像直銷或邪教，現在他想跟你道歉。」她說。「邪教」這個詞讓我忍俊不禁，但某種程度上，我確實是試著把大家聚集在一起，溝通他們的想法，讓人們調整對貓的態度，進而改善他們的生活，或許是有點像傳播信仰的過程吧。

YAMAHA

馬場裡的「無貓日」

我的人生大概有九成都被貓充斥著：個案中的貓、我自己的貓，社群媒體上充斥著貓，書架上除了一本朋友送的書外，其餘也都是關於貓的書。

每當我參加聚會，希望能與朋友們暢談其他話題，大家聊著聊著，卻又開始訴說自己家貓咪的種種疑難雜症，全場目光集中在我身上，彷彿我就是那個可以解答所有貓問題的專家，彷彿若我不開口，時間便會停止流動。

甚至於認識新朋友的場合，我剛要自我介紹：「你好，我是……」（我想自稱為寵物用品設計師，這樣大部分人都不會繼續追問下去），往往已經熟識的朋友們就會在旁熱情接話：「她是寵物訓練師啦！有寫書，你有什麼貓狗問題趕快問她。」我只能再次陷入解答問題的循環中。

「我需要逃離這個充滿貓的世界，找個沒有貓的地方，恢復生活的平衡。」我在內心如此想著。

於是，我來到一個陌生的馬場，用了另一個名字報名學騎馬，渴望開始享受真正的「無貓日」，卸下貓專家的身分，好好當個普通人。

但人算不如天算，某一天，我還是在馬場被粉絲逮到了。

「你是單老師對不對？我可以問你一個問題嗎？」某天，一位騎馬的同學雀躍地接近我，我明明在馬背上，卻又被拉回了「貓的專家」身分。

「想問什麼呢？」我無法拒絕，總不能說，我今天無貓日不方便回答。

「我家的貓愛叫，我想教牠們在吃飯時安靜下來，但無論我怎麼訓練都沒效果，牠們完全不聽使喚地叫個不停。」他問。

我開始提問以了解情況，畢竟沒有看到貓的行為，我至少得用幾個客觀事實去拼湊原因。「在餵食的時候，牠們在做什麼呢？有沒有其他情況下也愛叫？」

「我每天餵牠們兩次罐頭，正在弄罐頭的時候牠們就會開始叫了。」

「牠們平常也愛叫嗎？還是只有在要吃罐頭時才叫？」

「其實平常牠們也挺吵的，但我平時很忙，所以想利用吃飯時來訓練。」飼主解釋。

「在牠們吃罐頭之前，你有給過其他食物嗎？或許牠們很餓，所以一直叫著催促。」我說出可能的原因。

飼主又澄清：「我沒有給其他食物，我也猜牠們可能就是餓了，但我就是想訓練牠們不叫才有飯吃。我家的狗狗就是這樣訓練的。」

問到這邊，我已經發現了飼主的兩個盲點：首先，他認為訓練貓「不要叫才能給飯」就能解決問題，卻忽略了貓咪太餓的時候根本無法耐心學習。無論飼主有什麼訓練技巧，貓咪眼裡只有食物，這時候只想快點吃到飯，本能性獲得食物的方法，就是叫，完全無法連結人類的指令「等等」或者是「安靜」。

其次，他以狗的訓練經驗來訓練貓，卻不知道狗和貓的訓練邏輯截然不同。狗狗的天性是服從，即便挨餓也是把服從擺第一（當然，正常狀況下，我們不需要讓狗狗挨餓來服從），所以這位飼主可以成功訓練狗狗，卻拿貓沒辦法。

我解釋道：「你的飯前訓練可能會得到與預期相反的結果。因為貓已經餓得無法忍耐，所以忍不住叫你快一點，如果你繼續堅持，事實上只是在『訓練』牠多叫幾聲，努力叫個三五分鐘就能吃到飯，因為你終究會放飯給牠。即使你在牠安靜時才給，牠也已經『練習』喵叫好幾分鐘了。」

飼主露出一副深受衝擊的表情，我猜是跟他之前的認知完全不同。我遇過太多人跟我分享網友成功的方法，但絕大多數都是東拼西湊，最後有點似是而非的方法，而網友也不會為結果負責。

「那我該怎麼辦？牠叫了就要馬上給牠吃嗎？」飼主問。

「對，不要在貓餓到抓狂的時候做訓練。貓屬於少量多餐的動物，最好由牠們自行決定進食時機。貓咪吃飽之後，好吃零食還是願意吃的，所以訓練應該是要用零食，不是正餐。至於喵叫困擾，可以檢查看看是否有需求還沒滿足，像是食物、娛樂、活動受限等等。滿足這些需求就不會過度喵叫，但不會完全不叫，畢竟我們不是把一隻貓咪按成靜音。」

「什麼？這樣我到底是在訓練牠還是配合牠？」

我憐憫地看著他，沒錯，要訓練貓，你還得先配合貓。

飼主驚訝地說：「我以為只要我堅持，牠們最終就會服從。像訓練狗狗和馬一樣……」

我告訴他，這種訓練方法在貓身上未必有效。想要訓練貓咪，讓貓咪聽懂我們的意思，絕對要挑選牠想要互動的狀態，這樣貓咪才願意學習。

其實也不只貓是如此，馬也好、狗也好、鳥也好，無論我們多麼想以自己的方式操縱動物，最終還是得滿足牠們的天性。並不是誰夠堅持、誰是老大，就代表訓練成功。狗狗要保持穩定、服從，那也得讓牠每天有足夠的散步，良好的社會化。我曾認識一名農舍主人，他的狗狗因為害怕主人的怒火，所以主人一提高音量，牠就嚇得畢恭畢敬。然而，另一位朋友的邊境牧羊犬則不同，這隻狗狗一點都不怕主人，主人也從來沒凶過牠，但他們卻能透過眼神和動作交流，大家都對這種心靈感應十分讚嘆。

同樣是「聽話」的狗狗，但是一隻是因為害怕而妥協，一隻是心甘情願地配合；一隻是在壓力的狀態下生活，一隻是在滿足的狀態下服從；一種是用充滿威嚇的訓練方法，一種是自然而然的默契培養。如果大家都能知道這些知識，相信沒有人會去選擇讓雙方都很累的相處模式吧？

進入工作模式的我滔滔不絕地說著，回過神來發現太陽已經開始西沉，馬場也差不多要休息了。

「啊！不好意思，我們在馬場，居然一直談論貓的問題。」飼主的臉上洋溢著歉意。

或許在馬場分享貓知識，是我唯一能夠得到的「無貓日」了。

咬人貓與咬人鼠

「老師你看，這條疤是因為上次八寶軟便很嚴重，要幫牠擦屁股的時候，牠又踢又咬，當下我就流血了。老師，為什麼替牠把屎把尿還這樣對我？牠就不太會咬爸爸，常常去他腿上撒嬌，這不公平！」

女主人秀給我看她手上將近五公分長的疤痕，雖然淡淡的，還是看得出來貓一定是用後腳踢得很用力，才能劃出這種粗細的傷痕。

但女主人最介意的是：八寶對男主人的態度跟對待自己截然不同，她摸八寶常常被反咬一口，但在男主人腿上、肚子上，卻可以被摸到呼嚕睡著。

「老師，是不是因為爸爸比較凶，所以八寶不敢咬他？」女主人憤憤不平，急著想知道被八寶差別待遇的原因。她一邊問著，一邊伸出手指，輕輕敲了兩下剛睡醒、還端坐在床窩裡的八寶，八寶一秒抬頭，瞪大眼睛瞄準女主人的手。

「先別摸八寶喔！牠剛剛已經準備要咬你了。」幸好我及時提醒，八寶僅止於瞄準，還不至於起身咬她，但是離真咬下去也只差一點了。

「真的？為什麼呀！」女主人瞠目結舌，不理解為何八寶會如此。

「八寶剛剛睡醒，打了個哈欠、伸了個懶腰，然後窗外有動靜，可能是看到小鳥，於是牠立刻變得興奮，專注地盯著目標想要狩獵。這時候你敲牠的頭，就會引起牠立即想要咬的反應。」

我簡單解釋了剛才發生的事情。平常我就是這樣，一邊聆聽飼主抱怨寵物的行為，一邊用眼角餘光觀察貓咪和人的舉動，從小小的互動中推斷出他們日常生活的互動方式。身為寵物訓練師，我必須在短時間內讓左眼和右眼、左耳和右耳分別工作，這就是所謂的「眼觀四面，耳聽八方」。

「那為什麼只咬我呢？」女主人嘟嘴表示委屈。

「咬你已經變成一種習慣，這個習慣來自於你和八寶平常的『互動』。像剛才你在不能摸頭的狀態下先主動打擾，用敲頭的方式更會令貓咪覺得被挑釁，貓咪對敲、點、拍這類的動作會感到不舒服，或者是想要狩獵。所以剛剛這樣的做法，就會讓八寶習慣了咬你。」我解釋。

「喔！難怪了，爸爸通常不太碰牠，八寶都會自己上去撒嬌，所以才不會被咬。」女主人回想爸爸和八寶的相處模式，終於觀察出和自己的最大不同之處。

這就是了，女主人太常要幫貓東弄西弄，又是擦屁股又是抱來抱去，弄得八寶非得要抓咬才能解脫，另一位從頭到尾都扮白臉，讓貓自己過來示好，結果八寶就和兩位發展出不同的相處習慣。

我建議她：「等八寶主動來找你的時候再摸牠吧！這樣不僅能改善咬來咬去的問題，也會讓貓咪的情緒穩定許多。如果你想親近八寶，可以多和牠玩玩具，這也是建立新習慣的方式之一。」常常都是人克制不住想摸就摸、想抱就抱，沒有注意到貓咪的意願，進而讓這種咬來咬去的行為成為習慣。只要能把持住自己的欲望，這個問題就會隨著時間消失了。

八寶的問題釐清得差不多了，我好奇問了那間關起門來的房間。

「那間房間，八寶平常可以進出嗎？」

「我不在的時候不行喔！裡面有一隻倉鼠，八寶可能會嚇到牠，所以我只有在旁監督時才讓八寶進去。你們想進去看看嗎？」女主人談到倉鼠，情緒變得開心起來，滿心想向我們介紹她的另一隻寵物。

於是我和小幫手一起進入這神祕的房間，小心翼翼地關上門，以免八寶悄悄地跟著潛入。

女主人跪在雙層豪華鼠籠前，打開上層的蓋子，再把角落的小木屋整個拿起來。這個時間，夜行性的小老鼠本應在木屋裡呼呼大睡，但被我們這些巨人的來臨驚醒，牠睡眼惺忪地抬起頭，還來不及清醒，就被女主人雙手捧起。

「要不要摸摸看！牠的毛摸起來超級舒服。」女主人將老鼠放在掌心，遞給我們。我還來不及拒絕，她又把老鼠收回去大大吸了一口，說：「而且牠還可以吸，很香喔！」

我很喜歡老鼠，小時候養過兩隻，對老鼠也有一定程度的認識。我知道

陌生人突然碰牠的話，被咬的機率很高，而且我剛剛手摸了好多貓零食，現在五味雜陳，若被當成食物啃看看，其實也不意外。因此雖然女主人再三邀請，我還是沒有出手摸，我說：「怕嚇到牠，我先用看的就好。」

女主人的熱情沒有被澆熄，她把老鼠改遞到小幫手面前，還直接碰到鼻子，她真的很希望我們能吸吸看她的老鼠。小幫手往後閃，從我的角度看過去，好險閃了一下，因為差點就咬到鼻子了。

「嗯，真的有一種淡淡的，木頭嗎？像是剛洗過澡的香味。」小幫手趕快回應，以免女主人繼續用老鼠逼近自己。

「對！好香！」女主人自己又吸了一口，然後準備把老鼠放回去。

「啊！」就在老鼠要跳下去之前，女主人被咬了。

「怎麼每次都咬我呢？真是『壞鼠了』！」女主人檢查了被咬的地方，已經冒出了一些小血痕。

我想我剛才的判斷是對的，現在並不是摸老鼠的好時機，應該先從聞一下慢慢認識開始，否則我差一點就要成為一個去調整貓咪行為，結果卻被老鼠咬的訓練師。

「我沒有」飼主

這是一位男性飼主，平常自己和五隻貓住在板橋的一間小套房。我在與他見面前，飼主就告知自己因為長期的壓力累積，精神狀況不是很好，目前在服用藥物。儘管我在進行貓咪行為調整的案件時，飼主也同時在接受精神治療的例子不是沒有，但進門後的情況，仍讓我有些驚訝。

當我開門進入時，我第一個感受是「好暗」。當時是下午三點，室內卻只有微弱的光線，來自牆上的小型ＬＥＤ燈泡，剩下就只有靠近陽台處的窗簾透進少許自然光。但出於尊重飼主的生活習慣，我沒有要求開燈。

第二個感受是，好久沒有聞到這麼濃的貓尿味了！我上一次嗅到如此濃烈的貓尿味是五年前，當時處理了十一隻貓咪噴尿問題的透天住宅。那時，我下課回家過了一小時，整個鼻腔仍然殘留著貓尿的氣味。

這次來，主要也是為了處理貓尿床的問題。

飼主向我描述：「肯尼只有在我睡覺時才會尿床，而且牠每天一定要尿在我身上，如果我那天沒和牠睡，牠就不會尿尿。我買了一個床墊，想說我來打地鋪，留床給牠尿算了，結果牠還是尿我身上。」

飼主從開門到敘述問題時，頭始終都沒有抬起來，目光一直盯著下方的地板。

「不好意思，你是說肯尼只在你身上尿尿？還是床和你的身上都尿呢？」由於飼主習慣使用「只」這個字，我嘗試確認肯尼究竟是尿在床上，還是尿在飼主的身上。

飼主回答：「肯尼只愛尿在我身上。」頭還是沒有抬起來。

我進一步追問：「那在你沒睡覺的時候，肯尼有尿過床嗎？」我改變方式詢問，想確定肯尼是否只會在特定地方尿尿。因為通常情況下，貓不會針對人、尿在人的身上，這種情況不太尋常。通常牠們的目標是人身上的某種衣物材質，或是剛好選中的位置在人旁邊，所以人只是被波及而已。

飼主答非所問地回應：「我只是想要好好睡覺。」

「嗯……或者你不在家時，有沒有曾經突然發現床被尿濕了？或是要躺上床時，突然發現床上有一灘尿？」我嘗試以情境題的方式收集證據，但飼主的回答依然閃爍其詞。

「喔，我昨天半夜起來上廁所，回來是有發現濕濕的，就認命洗床單。還有上星期我下班回家有看到尿床，不過那很偶爾啦！肯尼就是喜歡尿在我身上。」飼主還是不忘再次強調他的認知。

我解釋道：「貓咪會尿在牠們喜歡的地方，並不是針對你。只是因為你剛好躺在牠喜歡尿尿的地方，所以看起來像是牠故意要尿在你身上。」我試圖解釋貓咪的邏輯，但飼主仍固執己見，拒絕接受我的分析。

「我認為不是，我鋪地墊牠還是來尿我身上啊！」

「你的地墊是一種新材質，不輸給床，所以床和地墊都會尿，目前看來，肯尼單純是要尿在喜歡的材質上面而已。你想想看，你不在家的時候肯尼也是有尿床對吧？」遇到堅持自己想法的飼主，雖然我平時不喜歡爭論，但為了貓咪，還是需要舉證更多讓他們思考，聽從專業分析。

隨後，我轉身用手機手電筒照亮貓砂盆開始檢查。這裡有四個砂盆並排放置，塑膠殼上可見豆腐砂遇尿殘留的痕跡，還有黑色的落砂墊，是貓尿味的主要來源。

目前看起來，人和貓的關係很正常，但砂盆真的太擁擠又太髒了，肯尼會另尋尿尿地點是合理的。

「雖然這四個砂盆裡的尿塊和糞便看起來已經清除了，但因為砂子凝結力不佳，崩解的尿塊無法完全清理乾淨，因此積留在砂盆內散發出惡臭。再加上這個落砂墊無法經常清洗，因此臭味積累。相較之下，你的床、地墊一被尿就拚命清洗，所以肯尼當然會選擇乾淨的地方尿尿。」

我認真解釋著，但飼主似乎陷入思考，並沒有真的在聽。

我示範劏砂的技巧，教飼主怎麼樣輕鬆兩步驟劏乾淨，然後建議飼主換凝結力好的貓砂。

「那要用哪一款豆腐砂比較好？錢都不是問題。」飼主說，還特別用力強調最後一句。

一般來說，豆腐砂的價差並不會很大，改用品質好一點的，一個月可能多花一百塊左右。我馬上傳了一款我自己用的豆腐砂品牌。飼主看了看說：「照這樣算起來，每個月的貓砂錢不就要四五千？我房東要漲房租了！我平常教書很忙，還有兼職私人教練，如果搬家找更大的地方，房租又會更貴……」飼主突然又推翻了自己前面的話，劈里啪啦說出一堆經濟上的困難點，還把貓砂費用多算了一個零。

我說明品質好的貓砂不會使用幾週後失去功效，整盆都得丟掉，反而每一顆都可以發揮作用，完全不會浪費。所以五隻貓一個月大概用掉五包，花費一千出頭，沒有他估計的那麼誇張。

我還沒說完，飼主又搶著說：「我都有剷乾淨，是我前任說不能浪費，我才留著那些看起來還能用的砂。」

我現在有點理解他為何不願與我正眼對話也不抬頭了，他很怕自己做錯事受到指責，每當我解釋問題根源，他都會急於澄清「我沒有」。儘管我沒有任何責難的語氣，只是分析問題的成因，他依然緊張地否認。

過了將近一個小時，肯尼尿尿在床上的解決步驟已經大致交代完畢。結束前，我問飼主為何養了五隻貓，他解釋朋友在動物醫院工作，經常有幼貓需要領養，因此這五隻貓都是從小領養來的。說著說著，飼主突然抬起頭來，熱切地說：

「我都把牠們訓練得很好，你看。」飼主拿起零食，五隻貓馬上聚集過來，搶著和飼主握手以獲得小魚乾。

「我平常都有用心訓練啦！牠們才會這麼親人，所以我朋友都很放心把貓給我養。」飼主一邊表演握手秀，一邊看著我，好像希望從我這裡得到肯定。

雖然這些觀念是錯的，但因為不會對貓咪和他的生活造成負面影響，我猶豫了一下，決定還是先保留他最自豪的訓練想法，默默看完這場握手表演。

結束到府諮詢後，我經過一間木質裝潢的貓餐廳。決定進去坐一下，一方面避開塞車時間，一方面也因為剛剛上課的緊張氣氛，需要舒緩一下。

我選了一個靠窗的角落坐下，開始整理剛剛上課的筆記。餐廳裡大概有六隻貓，這樣滿好的，環境不會太過擁擠，貓咪之間的壓力不會太大。

餐廳裡只聞到咖啡豆香，沒有貓尿味，寬敞明亮的空間和剛剛的狹小套房形成了鮮明的對比。我不禁想：如果飼主沒有養那五隻貓，或者只養了一隻，他的生活會更快樂一些吧？是不是就不用做精神諮商？睡個好覺是否會變得不再像一項奢侈？

訓練師筆記

幾年前，有一位中途小姐介紹一對情侶領養人來參加我的貓行為講座，這對情侶當天非常投入地聽講和發問，應該會是非常稱職的新手貓奴。但講座結束後，他們反而決定不領養了。

我很驚訝，生怕是自己澆熄了他們想養貓的熱情，幸好中途小姐馬上跟我解釋：原來這對情侶本來覺得小貓活潑可愛，因此想領養幼貓。但在聽完我的講座後，發現自己的生活步調和空間沒辦法滿足幼貓，所以決定等待有緣的成貓出現。

我非常贊同這對情侶的決定。面對要領養的小貓時，我們常常會想，再多一隻貓也只是多一點飯，沒什麼大不了的。然而，很多人實際上高估了自己的能力，除了金錢之外，他們並未充分考慮到空間和時間，以及自己的心理狀態等問題。

希望大家愛貓也不忘先愛自己，只有當你愛自己，把自己站得穩穩時，才會有足夠力量去照顧其他事物，無論是人還是貓。

七支監視器

這是在寒流來襲的第一個晚上，我按照約定好的時間來到飼主家樓下，是一座電梯華廈。我站在老舊的鐵門前，傳訊息告知飼主我和小幫手已經抵達。通常我不按電鈴，因為大多數貓咪聽到電鈴聲就會知道有陌生人來訪，不管三七二十一就先躲起來，如果沒有電鈴聲，由飼主親自開門，可以提高貓咪露臉的機率。

「咔，咿～」過了五分鐘，鐵門突然無預警地打開，悠然開到了九十度，彷彿在歡迎我，但因為門後空無一人，反而讓我感到一絲詭異。

我一進門，就拿出飼主事先要求開的收據，「這是你特別交代要開的收據，擔心待會忘記，所以先給你喔。」但飼主沒有要伸手接過的意思，而是直接走向房間，邊走邊說：「哦，其實我不需要收據，那只是一種手段，看你們是不是詐騙集團。」

我頓時感覺這堂課或許不太容易進行，飼主的思維有些特立獨行，而且似乎不太友善。

我沒落下任何一拍，接著問：「怎麼會？你有遇過詐騙嗎？」儘管這不是我主要關心的問題，但我希望能與他建立對話。畢竟從我們進門到現在，飼主一直專注於自己的事情，我需要持續對話，將他的注意力轉移到我身上。

「你們會不會冷？」飼主仍未回答我的問題，反而走進房間拿出一台暖氣機。

「不會不會，你不用麻煩！我們直接上課就可以了！」我說。原來他是想到今天氣溫很低，擔心我們會冷，或許他並不是那麼拒絕與人交往的類型。

「你的貓咪名字好特別，有姓氏還有跟人一樣的名字，怎麼會取這個呢？」我真的很好奇，因為有時候從寵物的名字可以看出飼主的期望或個人喜好。舉例來說，很多人會把狗取名為「錢錢」、「元寶」，這通常意味著他們很希望發財。如果貓咪取名叫「Gucci」、「Prada」，可能飼主對名牌很有研究。

「那是之前喜歡卻得不到的人，她的名字。」飼主幽幽地說。

「原來如此。那貓咪現在躲在哪兒呢？」我似乎一問就踩到地雷，完全打不開話題，只好暫時忽略，專心進入正題。

「牠都躲這邊，只要我在家的話，牠就不會出來。」飼主指著和室角落的外出籠。他告訴我，他已經養這隻虎斑貓一年了，還是完全無法接近。他曾試過靠近餵食，卻總是會被哈氣、揮打。在飼主下班回家的時間，貓咪從頭到尾都躲在籠子裡，一動也不動，直到晚上確定飼主關門就寢，才會出來吃每天唯一的一餐飯。

我站得遠遠的，距離大概三公尺，瞥了一眼籠子裡縮成一團的虎斑，心疼牠一年來每天晚上都是這樣躲著、餓著。

「為什麼一天只餵一餐飯呢？」我擔心貓咪平時壓力大，連飯都沒有吃飽，長期下來可能會影響健康。

「要罰牠不能吃飯，牠會凶。」飼主說。

「可以和我說說你們之間發生過什麼事嗎？」我問。

「剛領養回來的時候，牠會在家裡走來走去，看看我在做什麼。雖然我摸不到牠，但我覺得可以給牠一些時間。但是我朋友告訴我，養牠已經一個月，不應該摸不到，早就可以抱起來親了才對，叫我強硬一點。因為他對養貓很有經驗，我就想，聽他的話應該就能馴服這隻貓。後來嘗試要摸牠，牠開始哈氣，我朋友教我給牠肉泥，邊摸邊吃，結果牠還是哈氣，我就把肉泥塞到牠嘴裡，教牠不可以對我哈氣。」

「那幾次親訓之後，牠就再也不會在我面前活動了。牠就是很凶不親人，我親訓不了啊！於是我們就這樣過了一年，我過我的，牠過牠的，各自獨立的生活……」飼主滔滔不絕地說著。

「那你為什麼還繼續養下去呢？」我問。

「牠有一個很大的優點，就是不會破壞家具。這一年來，牠從來沒有破壞過家具，這點我覺得很難得。」飼主說了一個他對這隻貓最滿意的優點，然而他並不知道，只要給予貓適當的環境，幾乎每一隻貓都能擁有不破壞家具的「優點」。

「我還在家裡裝了七支監視器，以便看到牠平常在做什麼，知道去哪裡找牠。」飼主又補充。

聽到這裡，我感受到飼主做了好多好多卻都徒勞無功的那種無力，他不是沒有努力，而是把任何聽到的方法都嘗試過一遍，不放棄任何希望。我看到雜物堆有雙被剪刀壓住的防咬手套，傷痕累累的手套在向我表達曾經發生過的慘烈衝突。

「我們把這雙手套丟了吧！我現在要教你和牠能更融洽相處的方式，不需要把貓咪逼到要攻擊你，也就不需要手套。」飼主點頭，毫不猶豫地把手套塞進旁邊的垃圾桶，象徵一種重新開始。

我說：「貓咪現在的問題，是你之前嚇壞牠了，對你印象不好。從現在開始，我們要反過來做，讓貓自己對你好奇，接下來才會接近你，接近你之後發生好事，這樣牠就會開始期待你下班回家，會迎接你、磨蹭你，這是你想像中養貓的畫面吧？」

飼主點點頭，我繼續說：「好，那從現在開始，你們的相處守則第一條，就是不能主動接近貓、完全不要和貓對眼、不要試圖把躲起來的貓找出來。食物放了人就離開，不要有任何想要親近貓的欲望。如果真的很想看牠，就透過監視器吧！」

飼主又點點頭，但突然又面露難色：「可是兩個月後要打預防針，需要把牠抓去醫院看診。我本來想把牠的藏匿地點都堵起來，才方便抓進外出籠。」

這是一個很兩難的問題，抓去看醫生就是一件破壞關係的事，但如果今天貓已經信任這個人，你帶貓去看醫生也不會破壞關係，順序是有差別的。

「預防針能再晚一兩個月施打的話，我們會有比較足夠的時間修補關係……」我話才說到一半，卻被飼主打斷：「可是政府會罰錢！」然後往貓咪的方向移動，眼睛瞪大地盯著貓咪看。

我再次提醒他：「貓咪很敏銳，如果你一直想把牠找出來，你的身體行為就會顯露你要接近牠的企圖，被貓發現，這樣牠的壓力不會消失。記得，監視器是用來看牠的。」

這時，我突然發現桌墊下壓著一隻貓的照片，和籠子裡的貓咪明顯不是同一隻。

「喔！那是我在餵的流浪貓，牠很親人，很愛蹭我，不像我的貓咪。」飼主愛憐地看著照片上的貓。原來是一隻流浪貓，照片被沖印出來放在工作桌上，我發現飼主真的很渴望被貓喜歡、被貓依賴，能夠被磨蹭就能心滿意足。

「我的貓是因為吃醋了，所以才不接近我嗎？」飼主有點緊張，他很享受照顧這隻流浪貓的感覺，又怕自己的貓不開心。說著說著，他又不自覺地往貓咪的方向走去，每講幾句話就把眼光看向籠子內的貓，眼看這種情況難以控制、頻繁發生，我實在擔心在我離開之後，是否一切都不會有所改變？我不希望今天的課程只是一場對談，卻沒有實質改善他們的生活。

「你的貓不會吃醋，不親近你，是因為你不能控制自己去逼近牠。你都努力一年了，一般人早就放棄磨合了，但你沒有，你選擇上課再努力一下。牠打個噴嚏你就很擔心牠怎麼了，既然你這麼希望貓能好好的，為什麼不努力克制自己的行為？」我平常很少直接講重話，這次算是開大絕了，希望飼主能聽進去，不要只是聽過去。

飼主愣了兩秒，嘴巴緊閉，微微顫抖，似乎馬上就會放聲哭出來。我也滿腹擔憂，生怕他會當場崩潰。但幸運的是，我的話似乎產生了作用，至少在我離開前，他都沒有要再嘗試接近貓的動作了。

半個月後，我們透過視訊再次聯絡，我問他：「這段時間，你有感受到貓咪有什麼不同嗎？」

飼主說：「牠變胖了！（當然，之前每天受罰只有一點牢飯）而且我洗澡或睡覺時，貓咪會在我周圍自由活動，離我很近，偷偷觀察我。現在也不再一直躲在籠子裡，曾經在狹小空間遇到時，牠會呆立在原地，以前是馬上就一溜煙竄走了。」

他給我看了一段半夜貓咪好奇地觀察他的影片，貓咪站得直直的，像一隻小狐獴一樣，走掉以後還一度又跑回來看，已經進入「好奇」的階段了。我為這樣的改變感到動容，也為貓咪仍然願意重新相信人類感到感激。

這個案例的結局，比我一開始的預期要好得多。要求緊迫盯人型的飼主放下堅持並不容易，特別是要控制自己想要接觸貓咪的衝動。我想他的改變可能是因為每次他想採取相似的行動時，他內心總會有一個聲音提醒他：「你已經努力了一整年，既然這麼在意牠，為什麼不好好克制自己的行為？」

當「控制」的對象從貓咪轉向了自己，一切都會不一樣。我想他不但和貓咪和解了，也和自己和解了。

訓練師筆記

有些飼主對待寵物的方式，乍看起來非常不恰當，我們很容易對此加以指責。然而若能細心探究與溝通，許多行為背後的動機其實也是出於愛意。只是缺乏正確的知識和方法，而導致行為不當。最重要的是，是否擁有一顆願意學習、改變的心，這才是真正能夠朝向正確方向改變的關鍵。

永遠笑呵呵的媽媽：
寵物會被「寵壞」嗎？

這是今天的第二組客人，當自動門一打開，一隻剛剛美容過的毛色雪白、蓬鬆的比熊犬迫不及待地飛奔進來。儘管這裡沒有草地或玩具，牠還是非常興奮，像滾動的雪球一樣跳躍著，好像在宣示著牠的活力。

這隻比熊犬有三位家長，包括媽媽、女兒，以及女兒的男朋友。媽媽先去了一下洗手間，比熊犬在櫃檯附近晃呀晃，突然找到了個好地方，兩隻圓圓的後腳一蹲，神色儼然上起大號。女兒尷尬地向櫃檯人員借了幾張衛生紙，在大便氣味影響到其他客人之前趕緊清理。

「沒關係，如果一隻狗在新環境中能夠馬上上廁所，通常表示牠的心情放鬆愉快。」我笑著安慰緊張的女兒。

不久之後，媽媽穿著深紅色的長洋裝從洗手間出來，呼喚著狗狗的名字：「棉花！寶貝花花，過來！」花花寶貝馬上又像滾雪球一樣飛奔起來，這一次跑得更加輕盈，一路衝進媽媽的懷抱，尾巴像啟動了電動馬達一樣，搖到停不下來，媽媽也笑到眼睛睜幾乎不開。

這種時刻應該就是養狗最大的幸福感吧！每次分開，哪怕只是去樓下拿個外送，回家時你的狗無論在做什麼、無論是否剛吃飽，永遠熱情歡迎你回歸。反觀與貓咪的重逢，有沒有上門迎接你，還要看此刻牠有沒有需要你伺候的地方，更準確地說，貓咪是「有事找你」，而稱不上「歡迎」。

「花花今天有什麼問題呢？」我問。

「老師，我想問為什麼花花在我家都會亂大便，而且幾乎都是軟便，但在媽媽家卻都正常，也從不亂大便呢？」女兒搶著說。

「吃的東西都一樣，不曉得牠為什麼會軟便。」媽媽強調兩地餵食方式完全一致。

「花花可能偷吃了東西嗎？如果以前有偷吃前科，牠很可能在我們不注意的時候偷吃了什麼東西。」我引導她們回想，是否有可能牠在不經意間吃了其他東西。

「不大可能，因為花花不愛吃人類的東西，以前也沒發生過。」女兒回答，媽媽點頭表示同意。

「如果排除食物問題，軟便情況也可能和緊迫有關。狗狗緊張的話，會影響腸胃蠕動，導致大便變軟且次數較多。另外，由於狗狗比較難控制排泄，也可能因為來不及選地方，看起來就像是『亂大便』。」

「你覺得有什麼可能讓花花感到緊張嗎？」此時一旁的媽媽雖然沒開口，卻對著女兒微笑，似乎知道什麼內情。

「我真的不知道！雖然有罵過牠，但我對牠賞罰分明，應該沒問題吧？」女兒說。

「不一定喔，因為狗狗的壓力來源是：你生氣地罵牠，讓牠很緊張，但牠不知道你到底是因為什麼事情罵牠。比如說亂大小便，你是因為牠在錯誤的地方大小便？是因為討厭牠的大便？或者是因為大小便太慢了？亦或是因為牠沒有吃掉？所以，只要一到那個時間、類似情境，或者你露出生氣的表情，牠就會開始擔心是否又要被罵。如果牠知道哪個行為會引來責罵，牠或許可以避免，但通常牠不知道，因此最後只要在這個空間，牠就會一直處於緊張狀態。」我解釋說。

「喔～我覺得老師說的有可能喔！你太凶了啦！」媽媽笑著對女兒說。

「什麼？所以不能凶牠嗎？可是像你那樣一直讓牠予取予求，會把狗狗寵壞啊！」女兒有點生氣又不解地說。

「這也不見得喔，其實媽媽對花花好聲好氣，是用鼓勵取代打罵的方式，狗狗並不會因此被寵壞。並不是裝凶、裝威嚴就可以讓狗狗聽話，花花這種玩賞犬反而會很怕。你想像一個小孩解不開數學題，老師拿棍子一直嚇唬和責罵，這樣小孩更難以專注解題，也無法愛上學習。相反地，如果老師溫和引導，不嚴厲責罵，並在進步時給予鼓勵，小孩會因為成就感而更積極學習。」我解釋。

女兒和媽媽的育兒風格相異，女兒誤以為要凶一點才不會寵壞狗狗，我舉了個小孩學數學的例子，相信每個人的童年都有類似的經驗。

「沒錯，我也是這麼想的！」媽媽頻頻點頭。

「像媽媽一直對花花笑笑地講話，就是在不停地稱讚花花很乖、很棒，花花就會覺得和媽媽相處起來很開心、沒有壓力。如果平常不太稱讚，只有在犯錯時才責罵，花花會誤以為自己一直讓你不開心，無法找到正確的方向。」我繼續解釋同一個家庭中的不同對待方式會造成的差異。

「哇，媽媽，所以你是知道這樣稱讚的方式，才能讓花花變乖呀？」女兒驚訝地說。

「每次見到花花，我是真的很開心！這麼可愛的小狗狗，要凶什麼呢？」媽媽用雙手捧著花花的頭，眼神溫柔地對著牠說。

媽媽真誠的語氣，連我也覺得融化了。感染力和壓力都是無形的，當媽媽打從心底認為花花幾乎沒有不乖的時候，我們姑且不討論花花是不是一隻行為優良的狗狗，至少花花在媽媽的帶領下，完全沒有失控的行為，也沒有緊迫的情緒，這就是最能證明正向教育並不會導致寵壞的結果。

此時女兒去旁邊接聽一通電話，媽媽對我說：「老師，我覺得養寵物其實真有點像照顧孩子，你怎麼看呢？」

我眼睛一亮，感受到媽媽的洞察力，我深有同感地說：「沒錯，像是我表妹的小孩，在剪指甲時總是不安靜，也不乖乖吃藥，我就用一些訓練寵物的方法來幫她，結果意外地非常管用呢！」

女兒回來後，我再簡要地交代了幾句，諮商順利進行完畢。在離開前，媽媽轉身對著花花說：「今天要謝謝老師哦，花花！」臉上綻放出燦爛的微笑，留下被這個笑容溫暖到的我。

這個時刻讓我滿足，不僅因為所付出的努力和專業得到認可。更令我感動的是媽媽對待花花的態度，這個溫暖的互動瞬間，讓我深刻體會到動物與人之間的連結，看到寵物帶給人們的喜悅和幸福，也更加確信自己選擇了一份充滿意義的工作。

被養出來的怪獸

我對這個案例印象深刻。到訪之前，飼主提到的只是解決夜間不斷的喵叫問題。然而當我親自到場時，問題瞬間大暴增。原來我需要處理的是「打翻物品」、「翻垃圾」和「咬人」問題。可能因為是一位新手飼主，擔心到訪前說出太多問題，訓練師不敢接案。

貓咪名叫斑尼，是從動物收容所領養的年輕米克斯貓，目前九個月大，正處於精力充沛、嗓門響亮的階段。飼主說：斑尼待在一間專屬的「貓房」裡，我原本以為是最近一個月的事情，沒想到一問之下，才知道從開始飼養的第一天起，斑尼就一直被關在貓房裡。

飼主無奈地抱怨著：「因為放出來就會破壞家飾，甚至跳進水槽。這就算了，更糟糕的是直接栽頭喝馬桶水好幾次了，阻止也沒用。」

她繼續說：「有一次浴室門沒關好，牠直接進去咬馬桶刷，我覺得太髒了，就想幫牠擦手腳，結果被牠重重咬傷。」飼主向我展示了手臂上淡淡的疤痕。

「我也試過陪牠玩一個小時，可是牠出房間時還是一樣暴衝。上次還把碗都打破了！還有還有……牠會咬壞廚房的東西，咬破一堆包裝袋，還會把垃圾桶裡的東西挖出來……」

飼主列舉貓咪犯下的超過十大罪狀，顯然在她心中，斑尼就是個破壞狂、搗蛋鬼。我決定直接進貓房會會這隻飼主眼中的怪獸。

房門一開，飼主對著斑尼說：「尼尼～老師來調教你囉！」

回想起來，這句話有些怪怪的，因為一直以來我都是調教貓奴來解決貓的問題，不過我當下專注在斑尼身上，沒有多做回應。

貓房內擺放著一個水碗、小小的松木砂盆，一個小型犬的狗籠，還有兩個抓板。這是一個完全屬於貓的空房，沒有任何人類的家具和物品，除了貓用品外，只有地板。我注意到角落有一台沒在運作的自動飲水機，感覺有點可疑，於是我問：「這台飲水機壞了嗎？所以不再使用了嗎？」

飼主解釋說：「因為牠會玩水，把水弄得到處都是，我擔心噴到插座會觸電，所以就不讓牠用了。」

原來，貓房之所以只有地板和抓板，和貓房外一樣，是因為飼主無法控制貓咪破壞物品以及違反規定的行為。為了解決這個問題，飼主將貓咪關在一個可控制的貓房內，並將房間收得一乾二淨。

這下子貓更無聊了。我向飼主解釋了這個惡性循環的邏輯：「關鍵在於，斑尼外出的時間越來越少，關在房間內的時間越來越長。幾週過後就演變成惡性循環，牠在房間內越久就越無趣。出房間後當然就是各種暴衝、失控，最後變成在房裡面過度喵叫，會叫到你早上幫牠開門為止。」

我繼續說：「所以，要先解決的是斑尼的破壞和咬人問題。這樣就不需要再將牠關在房間內，也不會再有夜間的喵叫困擾。」我進一步說明了解決方案的方向。

飼主點點頭表示了解。然而她似乎還是擔心東西會被弄壞，臉上明顯露出一絲猶豫。我問：「目前外面有哪些東西是絕對不能被碰觸，或具有危險性的？」

「嗯……廚房的刀子，和浴室的馬桶刷吧。」飼主講了一個危險的和一個讓人感到噁心的。

我說：「好，那我們先把浴室門關起來，廚房刀子收起來。然後就來教你斑尼出房間的時候我們怎麼處理。」我先消除飼主的顧慮，使她能夠更容易接受這些改變，而不是勉強忍受。

我們讓斑尼走進客廳。剛剛在我快速掃瞄之下，我發現客廳中實際上沒有太多需要擔心的東西。在我的標準中，我們應該關注一些對貓咪有害的東西，例如有毒植物、生蛋白質、殺蟲劑等等。然而，家中常見且對人類無害的物品往往被忽視，這些才是主要需要排除的。

「牠真的會一直去翻倒垃圾桶喔！」飼主依然擔心那個垃圾桶。

我們一起看著斑尼開心地四處巡邏，聞聞牆角，聞聞地板。這些對人類來說毫無特殊之處的地方，對斑尼來說卻充滿了豐富的氣味。牠抓了抓地上的一塊小抓板，又前往下一個巡視點，一副有任務在身的樣子。走到沙發旁邊時，牠熟練地用一隻前爪按壓垃圾桶的邊緣，垃圾桶瞬間被撂倒。我告訴飼主不要急著收拾，以免讓貓咪對這個行為更感興趣。斑尼探頭看了一下垃圾桶裡的東西，不到五秒鐘就離開去執行下一個任務了。

我已經確定，斑尼之所以如此，只是因為曾經在裡面發現牠要的寶藏。每天經過時，牠只是習慣性地看看今天有沒有值得的發現，有就賺到，沒有就罷了改天再看看。我問飼主：「你有沒有看過斑尼在垃圾桶裡找到過食物，或對任何東西表現出興趣？」

「有吃過鹹酥雞，但是後來我再也沒有丟食物，牠還是會翻。」飼主回憶。

「沒關係，接下來這段時間都不要把食物丟進垃圾桶，一次都不行。然後讓牠繼續翻倒垃圾桶，因為每次都不會獲得牠渴望的食物，這樣牠漸漸會放棄。」我強調了這個重要的細節，因為很多時候，飼主由於習慣又不小心將不該丟的東西丟進垃圾桶，所以每次翻到，斑尼都像是中了大獎。

飼主好奇地問：「那要多長時間斑尼才不會再翻垃圾桶呢？」

「至少需要十四天。這個過程每週會有一點小進步，會看到斑尼漸漸變成兩天翻一次、一週翻一到兩次。直到牠認為這個垃圾桶已經不再是寶藏桶了。」我解釋。

事實上，斑尼的這些行為並不是特別調皮或愛作怪，這些都是貓咪正常的「探索」行為。包括用手去試探沒看過的東西，這是牠們認識世界的方式，當牠認識這些物品後，就不會重複試探。如果在斑尼把東西撥到地上的時候不要在意，不要一邊撿起來一邊唸牠，斑尼就不會想再撥第二次。

接著開始了我「調教」飼主的部分，我告訴她：想要讓斑尼不破壞規矩一起生活，就得要製造很多好玩的事情，讓牠產生興趣在「你認為可以的事情」。

像是斑尼喜歡翻垃圾桶找食物，那就讓斑尼在藏食玩具裡面找零食。不

希望斑尼跳上冰箱，那就把窗台加上吊床，讓牠有更好的選擇來爬高。不希望斑尼撥弄各種小雜物，那就固定時間和牠玩逗貓棒，讓牠發現逗貓棒比撥弄小東西更有趣。

由於幼貓充滿好奇心，對各種沒見過的東西都還在嘗試階段。所以飼主的過度反應，只會強化牠對這些事物的興趣。斑尼的情況恰好是如此。事實上，九個月大的斑尼理論上不會再對人類的日常用品感到好奇，但因為一直被關在籠子、空無一物的房間，對於外面的世界太晚接觸和認識，導致牠還是整天像隻三個月小貓一樣。

限制斑尼的空間導致牠與人類的互動和認識不足。除了在清理貓砂、餵食時，牠只有極短的時間可以玩逗貓棒，導致斑尼對於人類的生活方式並不熟悉，對於飼主的行為不太了解，也不太信任。

被放出來的時候，斑尼因為什麼都沒看過而更想觸碰看看，但正在認識的當下又被阻止，所以當下一次再看見同樣物品，還是會想要再次試探。飼主所看到的是表面上貓咪無止盡地想要搗蛋，實際上貓咪只是想要認識牠們所生活的環境。

這時候，斑尼已經離席去窗邊看風景了，雖然那個窗台有點窄，牠的腳幾乎是卡在窗溝裡面，沒辦法好好坐著欣賞，但牠還是開心地看著。下午的時光，斑尼就在窗邊理毛、看風景，當然還有重要的日光浴時間！這也是貓咪的基本需求之一，不知道多久沒有曬到太陽的斑尼終於如願以償。

兩個星期之後，當飼主晚上回家進門的瞬間，她迎接的是一隻蹭腿小貓，滿地的雜物不復存在，這裡真正成為了一個她與貓咪的「家」。

訓練師筆記

養寵物時，飼主也必須學習如何長時間與貓咪共處於同一空間，我認為其中最挑戰的部分是接受貓咪「打破你的原則」。每個人對於居住環境都有一些堅持，包括哪些區域是貓咪可以待的、哪些行為是不容許的，這些規則因人而異。

例如，有些人不希望與貓咪睡同一張床，因為貓毛會讓床單看起來不整潔，或者他們對床的衛生要求較高，看貓腳踩進砂盆所以絕對不能允許踏上床，這些想法是可以理解的。然而在養貓之後，你可能會面臨要讓貓咪不上床卻又要培養親密感情的難題，或是希望貓咪每次用完貓砂後都要擦腳。雖然擦腳可以訓練，但過度頻繁的清潔會挑戰貓咪的極限，最終可能導致不愉快的經驗。

許多飼主在了解貓咪的天性以及訓練的局限性後，為了貓咪，最終會退一步，調整自己的居住原則。我認為這是最難也最有愛的表現。

放不下的舊飼料

這是一個有貓有狗的家庭，飼主本身是一位寵物美容師，每天的日常就是和貓貓狗狗們相處在一起。她告訴我，她養的其中一隻貓「達達」經常在晚上連續四、五個小時喵喵叫，讓她的睡眠受到嚴重影響。

一般人回家都希望好好休息，睡上一場好覺，準備迎接新的一天。可以想像喵叫到無法入睡的精神壓力有多麼疲勞轟炸，更何況飼主的美容師日常，已經讓她有十二小時都在吠叫聲中度過了。因為美容的環境需要把狗狗暫時放在籠子或圍欄裡，這些被隔離的狗狗沒有經過訓練，幾乎是無法等待的，加上處於多狗環境，會不停吠叫直到被放出來為止。

雖然飼主已經連續好幾天都未能好好休息，但她依然充滿熱情地招呼我，而同樣熱情歡迎我的是家中的一隻臘腸犬。儘管牠年事已高，眼睛微微白內障，牙齒不完整，不過臘腸的天性就是擅長吠叫。很快地，牠察覺我是一個不具威脅的新朋友，馬上安靜下來，用長鼻子輕輕碰觸我的大腿，希望我拿旁邊的球和牠玩。

我盤腿坐在地上一邊丟球，一邊開始和主人的諮詢。

「這隻虎斑就是達達嗎？」

沙發椅背上坐著一隻體型和臘腸差不多的虎斑，彷彿正在觀察著我。我到府上課時，幾乎都是坐在地板上，這樣更能夠與貓處於相同高度，以便在短時間內讓貓分析我的威脅程度，爭取在上課時間內可以讓貓放鬆表現自我，方便我觀察。

「不是，達達在房間。」飼主指向左邊的房門，「因為達達現在和巧虎還不熟，所以我把牠們隔離在不同的房間以免打架。之前牠們曾經打過一次。」

看來這個喵叫的問題，可能就是因為達達被關在房間裡。這個房間沒有窗戶，堆滿了雜物，顯然是平常當作倉庫的地方。地上有水碗、飼料碗、一個我分享過的益智玩具和兩顆球。儘管這個房間似乎是為貓而設計的，但將貓單獨關在裡面無法避免喵叫，貓咪渴望與人互動、想在整個家中自由活動，這種被限制的狀況無法持續一整天，正如同被關在籠子裡的狗狗會不斷吠叫一樣。

因此，接下來的目標是讓達達和巧虎能夠和平相處，這樣達達就不必被隔離，喵叫問題也能解決，飼主也不用把自己悶在倉庫裡面陪伴。

由於要讓兩貓和平相處，還是需要一段隔離的時間，所以培養達達自己可以在房間做的事情還是必須的步驟。我再度走進房裡檢查達達的物品，尋找是否有適合讓牠在房間裡玩的玩具。

我發現先前沒注意到的第二個飼料碗，裡面的飼料感覺多了一層綠綠的霉，我不確定是不是光線造成的錯覺，拿起來正準備要詢問，飼主突然激動大叫：「啊！那個不能動！」彷彿我觸動了某個嚴重的警報，因為她的聲音實在太激動了，我也嚇了一大跳。

「那個是照片裡面那隻達達的碗，那是牠平常吃飯的碗、吃飯的位置，怕動了牠找不到。」飼主指著牆上的照片說。

我心想，聽起來怎麼很像在說另外一隻貓，再仔細看照片後，確實是兩隻不同的貓，但飼主都叫牠們達達。

我頓時明白了剛才飼主激動的反應，照片中的達達已經離世。我動到照片裡過世達達的吃飯碗，飼主故意留存即便長霉也不能清理的遺物，我背脊涼了一下，感到有些抱歉，但又不確定如何用適當的話語表達，心裡有許多疑問，但不知從何問起。

幸好飼主很快就開口了：「達達成為小天使後，我在寵物店偶然看到這隻貓（順手摸了一下在旁邊撈球的達達），我簡直不敢相信有長得這麼像的貓，毛色一樣，連頭上的紋路都一樣。」飼主興奮地指著照片與我分享，「當時我在櫥窗前淚流滿面，拍照傳給男友，他建議我不要再養了，但我無法放手。看到牠被關在寵物店，我覺得牠一定是在等我，我一定要帶牠回家。」

我注意到兩隻達達的毛色確實相似，都是灰色虎斑並擁有中長毛，儘管臉部花紋和色斑略有不同，但或許在飼主眼裡是一樣的，因為她渴望達達回到她身邊。

我一邊聆聽飼主對過世達達的思念，一邊更小心地繼續檢查，深怕還會再碰到過世達達的遺物。

準備完畢後，我建議飼主採取漸進的方式，讓兩隻貓輪流探索空間，只要不見面就可以了。如果達達和她一起睡覺時不喵叫，就可以在主臥房一起睡，因為達達只是不要自己在倉庫，這樣既不會擾亂巧虎，也可以確保飼主得到好的睡眠。巧虎則在主臥以外的地方自由閒晃，還好巧虎沒什麼意見。

「好，我一直很擔心牠們不開心，達達在房間一直叫，放出來巧虎又生氣。一直不確定我將達達帶回家是不是做錯了，根本要把我撕成兩半。」飼主邊說邊抬手擦眼睛。

我可以想像，飼主無法接受心愛貓咪的離世，就算已經忙得焦頭爛額，身邊的人都勸她不要，她仍然選擇將寵物店達達帶回家，把自己逼到一個無法喘息的深淵裡。我心中感到說不出的酸楚。

儘管這份執念帶來了痛苦，但同時也可能是飼主能夠早日走出傷痛的途徑。我也希望這次任務的成功，可以減輕她的壓力，走出自責的循環。

後來經過幾週的課程，達達和巧虎逐步從各自輪流活動，到以不見面的方式同時進食、隔著網子認識彼此，到後來自然地處於同一空間，我們的目標逐漸實現，飼主也找回了原本的活力。

一年後，我們推出了熙貓樂園到府照護服務，並再次收到這位飼主的委託，我得知兩貓一狗和飼主都過得很好，這讓我感到非常欣慰。

再次回訪時，我已經看不到達達的食物碗了。我不禁好奇，不知道飼主是在何時收起了這個碗，也不知道飼主現在是否以某種特別的方式懷念著我們的天使達達。

訓練師筆記

這篇講的是對過世寵物的懷念，除此之外，也特別談談多貓相處的基本處理原則：

多貓相處的第一階段，可以利用不同的時間安排，避免貓咪在共同空間中碰面。這就像有些室友們商量好使用公共區域的時段，不見到面輪流使用，不衝突也不吵架。

接下來，我們可以在每天的吃飯時間，讓貓咪以不見面的方式隔著門縫吃罐頭，習慣彼此相處時候都沒有需要爭執的事情。接下來，當兩隻貓咪都不太專注對方在門另外一端的舉動，就開始用網子相隔，讓牠們每天見面三秒到三十秒，但這都還是在認識彼此的階段，所以需要控制在很短的時間內結束，留下好印象。

隨著時間推移，接下來應可以觀察到貓咪會隔著網子但不太盯看對方，這就是我們要看到的進步，如果貓咪一直專注盯看另外一隻貓，那絕對不是件好事。

接著，飼主可以循序漸進讓貓咪們有更多的相處時間，慢慢地短時間拿掉隔離網讓牠們自由活動，然而這時還是需要有人在場監督，以確保貓咪們可以平穩地相處。在引導貓咪彼此認識的過程中絕對不能急，慢慢來，比較快。

訓練師之樂趣：在貓餐廳的日常

不久前，我被社群上一張五十隻貓的合照吸引了。這張照片，即使閱貓無數的我也不禁嘆為觀止。裡面幾乎集合了每一種流行的品種和花色，每一隻貓的眼神都活潑又愛玩，彷彿生活在一座貓咪的天堂。照片背景中有一些巨大的樹幹和樹枝供貓攀爬，與一般貓宅的設計風格截然不同，保留著原始森林的自然感。

這是一間貓餐廳的照片。雖然叫做「貓餐廳」，但重點並不在於食物。無論餐點如何，前來的人們都是衝著貓奔去的，即使這意味著要前往交通不便的地方。比如藏身在新北市山區的這間貓餐廳，我可是花了一番工夫才訂位成功，還要在一條無法會車的山路小道倒車下坡五百公尺，才終於在太陽下山前安全抵達。

這間餐廳有許多「愛貓規定」，包含不能攜帶貓零食、人數限制、年齡限制以及不得抓貓咪等等。這些規定顯示店長的用心，為了保護貓咪的健康，避免牠們因食物或其他不舒服的因素受傷。從進入餐廳的瞬間，客人們

（包括我在內）就像幼稚園的小朋友一樣依序排隊，聆聽著各種指示。

「包包幫我放進櫃子裡唷！」負責引導進場的服務人員依序發給置物櫃的鑰匙，接著需要點餐、等候入場指示。我迫不及待地選了一份鹹點和一份甜點，期待與貓咪的相遇。不過更急迫的是一隻白底橘斑小貓，牠的臉和兩隻前腳已經黏上網子，大聲喵叫要工作人員快快開門，把朝聖貓奴全部放進來一起玩。

進場後，地板上散佈著愜意的貴妃趴貓咪，大概一半以上看起來都還在休眠待機模式，有些正慢慢地甦醒中，伸懶腰接著磨爪走向自己選中的人類。每隻貓咪都有名牌、自己的名字，一隻名牌上寫著「大魔王」的美短斑紋貓咪走到我身旁，在離我一步的距離倒下翻肚，再把背微微抬起，彷彿在做仰臥起坐。接著走來的這隻體型小一些叫「沙悟淨」，看來這是有分類故事的命名。

一下看到這麼多貓，我也是第一次，但感覺這些貓看過的人比我看過的貓還多。每天進來朝聖的民眾大概有六十位，貓咪可以選擇自己喜歡的人類去接觸。我在人類隔離室用餐的時候，就看見一隻暹羅花色的長毛貓選中了一位先生的大腿，在我享用燉飯的三十分鐘內，這位先生的手沒有停止過，像節拍一樣規律地拍著貓咪的屁股肉，貓滿意地將眼睛瞇成一條線，暹羅的臉很黑，完全看不見眼睛，肯定是舒服到睡著了，當然這位先生的笑容更滿足了。

我左右看看其他人的餐點，發現別人的食物是用貓碗架和貓碗盛裝，再低頭看看自己的，才知道大家都一樣，怎麼自己使用就沒發現呢？這實在太有趣了，使用貓碗搭配碗架進餐的感覺，事實上相當舒適。不過就我對貓的了解，比起碗架與碗，牠們似乎更偏愛淺盤，食物放下去是凸起，很方便進食，也不會卡在碗的邊緣。（不過，碗的深度或角度是否適合，臉的大小、是尖臉還扁臉，長毛短毛等是否會影響進食，貓自己最清楚，所以應該觀察貓咪使用的狀況給予適合的餐具。）

我用完餐後回到貓區，正打算找個地方盤腿坐下，突然所有的貓紛紛向右前方的一個角落聚集。一位穿著寬鬆衣服的小姐正跪坐在地上，雙手掌心向上，雖然手中空無一物，卻彷彿具有磁性，把全部的貓都吸過去了，其他人也都開始往這邊看。

起初，我以為是姿勢和手勢類似貓咪平常領食物的樣子，因此貓咪可能以為有東西吃。有點像在池塘邊撒魚飼料，魚群就會被吸引前來的情景。我直接模仿這個動作，打算攔截姍姍來遲的那幾隻，看會不會聚集到我這邊，結果牠們直接把我當空氣略過，直奔寬鬆衣服小姐。

好吧，我決定仔細觀察一下這位小姐到底施了什麼魔法，畢竟所有的魔術都是障眼法，一定存在破綻。其中一隻虎斑長毛貓體型比較高大，直接站起來咬住寬鬆衣服小姐的口袋。動作充滿執著，就像抓住一條大魚般絕不肯放。我猜想那個口袋一定藏有貓草之類的東西，但奇怪的是，儘管貓咪都努力地撈、抓，卻並沒有成功地將任何東西翻出來。

更外圍的貓咪則在努力吸氣，從空氣中搜集一些味道，而中心區域的貓咪則開始享受著貓草的魔力，好幾隻倒地翻滾，開心地磨蹭地板。每隻貓咪吸貓草的反應稍有不同，有些變得歡愉地打滾，但有些也會進入狂暴狩獵模式，這時候周圍的貓咪就倒霉了。

果然，中心那幾隻最激動想要得到貓草的貓咪們哈氣了，四隻貓咪彼此對峙著，氣氛緊張，彷彿隨時可能爆發衝突。在緊繃的氛圍下，周圍的貓咪也受到影響，有一隻黑色的米克斯開始低吼，那個聲音讓我也緊張起來，這是貓咪即將發動攻擊的警告。

此時店長出現了，他像警察一樣速速趕到鬥毆的現場，他的第一個行動是拘捕那位製造騷動的罪魁禍首——寬鬆衣服小姐。店長詢問道：「你剛剛有餵食貓咪嗎？」

寬鬆衣服小姐無辜地回答說沒有，但她的臉上透露著滿足，似乎能被群貓圍繞，就算最後會被警察抓走也無怨無悔。

風波過去五分鐘後，圍觀的貓咪逐漸分散，鬥毆的黑貓也轉身去忙其他事情了，現場再次恢復成一個充滿貓的天堂。

店裡的人類費盡心思，使出各種奇招讓貓多停留在自己身邊，一位黑風衣小姐用自己的外套抽繩一票玩到底，她從內部的吧台區一直玩到門口的拍照區，換了數批不同的貓隊伍，用同一件外套與貓互動，最後這件黑外套留下滿滿的貓毛，成為她當天的戰績。

「不可以！不可以！」一位穿著破洞牛仔褲的女孩坐在地上，用手擋住褲子上的鬚鬚，因為貓一直想咬。但雖然她說不可以，但當貓想走掉，她又將鬚鬚移到貓面前，希望貓咪留下來。她的行為不斷重複，有點像困境中的人不知道怎麼讓貓喜歡，只好先順著牠，但都是順著一些不可以的事情，最後變成困擾自己的問題行為，例如不自覺用手指吸引貓，最後養成咬手習慣。

在場還有一組愛貓家庭組，包括父母和一名青少年兒子，兒子的情緒最為高昂。他興奮地滿場奔走，我覺得他是現場與貓互動最得心應手的，他甚至成功讓一隻虎斑貓跳上他肩膀，然後半蹲比出勝利手勢，急忙請媽媽幫他拍照，因為他知道貓可能隨時離去。他自始至終都沒有勉強貓咪，使他們之間的互動非常和諧。

我猜想，或許這一家人是為了將來能夠養貓，因此先來預先準備。這間店提供了與貓近距離接觸的機會，幫助大家更了解自己喜歡的貓咪類型。

我原本是出於好奇來看貓的，卻意外發現人類想與貓親近的行為更有趣。這次的體驗，讓我看到了很多人與貓咪真實互動的一面。平常到府諮詢時，因為「老師」在場，飼主不一定會百分之百展現自我，但在這裡，我得到了更多拼圖，幫助我更深入了解人類的行為和貓之間可能出現的衝突原因。

訓練師聽得懂貓語言嗎？談談溝通

身為一位寵物「訓練師」，我最常被問到的問題之一就是：「老師，你能和我家的貓咪溝通嗎？」

我其實想說可以，但我也很擔心在台灣，這種情況可能被誤解為使用通靈的方式來交談，這種看不見的溝通我是無能為力的。

人與人之間可以透過語言、手勢、文字甚至眼神來溝通，但貓狗則無法以同樣的方式互動。這就是為什麼我們需要透過「訓練」來相互溝通。「訓練」實際上是教導牠們「理解主人的意思」，使主人能夠透過特定動作來引導貓狗。

例如，我們常看到主人對急於吃飯的寵物說「等等」，但是等待對於貓狗而言是抽象的概念，牠們無法理解。因此在主人說「等等」的同時，我們會看到狗狗焦急地跳來跳去，貓咪則可能伸爪子抓。這是典型的情況，人只會用說的，而貓狗則持續執行習慣的行為，因為牠們相信做完這一輪努力，就會吃到飯了。

這種情況並不是因為貓狗不聽從指令，而是因為沒有一步步接受訓練，以確保牠們真正理解「等等」的含義。想像一下，當你置身於一座荒島，遇到一群土著，他們的語言和儀式你完全不懂。你想向他們解釋你已經三天沒有吃飯並詢問怎麼離開，他們同樣不能理解。只能靠著比手畫腳勉強傳達一點意思，也不知是對是錯。這種無助感就像貓狗努力表達卻不被理解一樣。

因此所有的訓練一開始都是以動作為主，然後逐漸轉向聲音。因為對於貓狗來說，最快建立學習的是動作、肢體接觸和影像，而不是理解我們的語言。對於貓而言，更是如此。

我想讓所有的飼主明白，我們人類習慣用語言來溝通，使用表情來展現情感，這和貓狗剛好相反，牠們擅長用肢體動作來溝通和表達，且幾乎沒有表情。

我們就來說說萬年榮登貓奴最不理解的問題寶座——「咬人」問題。當貓咬你時，可能是因為開心、生氣、興奮，或者是一種溝通方式。不管這次咬你的原因是什麼，都是貓咪用牠擅長的方法向你表達自己，這是牠努力和你溝通的方式。

我曾經向一位飼主解釋這個觀念，他非常吃驚地問：「為什麼牠會用咬來和我溝通？」他從來沒想過這種可能性。他認為貓就是愛咬人，可能因為無聊，沒有什麼別的原因。

但我知道貓咪咬人一定有牠想表達的事情，我說：「你提到這隻貓有點挑食，喜歡的食物種類較少。因此，原因可能出在你去寵物展後更換牠的飼料，牠不理解為什麼。」

我已經有八成的把握，但還是需要透過實驗，確認貓咪是不是因為想吃原本的飼料，所以每天大咬特咬飼主以表示抗議。我請飼主準備一碗新飼料和一碗舊飼料，放在貓咪面前。結果貓咪馬上以炫風般的速度吸光那碗裝滿的舊飼料。

我宣告結果：「這個吃飯的速度表示牠餓壞了，貓咪一直咬你，並不是想玩，而是因為咬是牠最擅長，也是最能引起你注意的方式。當牠真的很餓卻找不到解決辦法時，牠會使用咬這個必殺技。所以，以前每次被咬後陪牠玩一個小時是無效的，因為牠其實是在向你表達『我要吃舊飼料』啊～」

「我從來沒想過貓咬我是因為想吃舊飼料，我還一直以為牠是因為我加班晚歸，沒有按時陪伴而變得脾氣暴躁、愛咬人，真是誤解大了。我每天出門前還跟牠說『我出門賺罐罐錢喔！你在家等我回來，不要再咬我了好嗎寶貝』。」飼主認真地覺得，最近陪伴減少是導致貓咪鬧脾氣、愛咬人的原因。只要對貓說這些話牠就能懂。

有趣的是，每當貓咪行為突然改變，飼主優先考慮的通常是自己感到「虧欠」的部分。然而，貓並不會因為飼主沒有準時回家或加班而改變行為，即使有，也是由於這導致貓的生活受到影響，例如家中只有飼主一人餵食，食物又沒有預留充足，貓咪自己無法外出覓食，晚回家讓貓挨餓了。

是不是
我說你太胖了…
是不是因為
我太晚回家
所以你生氣了？
是因為我稱讚
別的貓，所以
你嫉妒了？
可以吃
飼料了嗎？

我們可以盡情地和貓咪說話，牠們是保守祕密的最佳傾聽者，也會對我們動動尾巴、眨眨眼睛，如此貓奴就會很滿足很開心。但別忘了，語言對於貓來說是最不切實際的表達，與其對貓說一百次「我愛你」，還不如現在就給牠喜歡的食物、陪牠打獵和給牠安全感來得實際。

結語

我養貓的最初原因，只是因為獨居，擔心長時間沒有人陪伴的狗會感到孤單，因此放棄了養狗的想法。我想，若養隻貓，牠不需要等待我回家、不用忍受分離的痛苦，而我也可以不用每次出門的時候背負罪惡感。

然而，實際養貓後，貓的所有行為卻都出乎我意料，例如抓壞房東的窗簾和床，或者在我摸著牠肚子時突然咬我。面對這些問題，我開始尋找答案，我並未覺得感到困擾，只是渴望了解為何貓會有這些舉動？是我做錯了什麼？

人們常將養貓的人戲稱為「貓奴」，但這並非指我們必須伺候貓，因為貓可以獨善其身活得燦爛，完全不需要奴僕。是我們養了貓以後，因為貓無法被改變的天性和堅持到底、絕不會輕易將就的貓性，激發了我們不得不滿足牠的奴性。這樣的奴性不但沒有虐殺我們對牠的愛，反而讓我們在滿足貓的同時，獲得了滿足感。

在養貓之前，我們對貓的認識往往建立在內心勾勒出來的樣子上，可能就喜歡牠的高冷，或軟萌、安靜乖巧。直到真正養了第一隻貓後，往往會發現貓並非我們所想的那樣。

奇妙的是，雖然貓是寵物，在心靈層面上，我們養寵物是為了愉悅和療癒自己。但即使牠們不符合我們對寵物的期待，很多人依然心甘情願接納牠們的各種脾氣和個性，愛著眼前這隻獨一無二的牠。

例如當初的預想是自己的貓能和自己一樣好客，但如果養到一隻膽小害羞的貓時，飼主只希望在親友拜訪時，牠不要過於緊張，或者減少親友的造訪，而不是期望牠能像自己一樣熱情地迎接客人。

你的貓未必會完全符合你的期望，但你並不會對此感到失望，這是真正成熟飼主的表現。

我們常講的「尊重他人」看似不難，然而若要與某人長期共處，難度就高了！對於幾週才見一次面的朋友、不同宗教信仰的朋友的朋友、另一半家人的不同意見，我們或許能維持表面的尊重，因為這不會時時刻刻影響我們的生活。然而，當我們與某人長時間相處，尊重必須內化並包容，這段關係才會良好且長久。

貓和我們生活在一起，一定有許多牠習慣的和你喜歡的不一樣。例如，貓砂一定會踩出砂盆外，你無法訓練貓把腳擦乾淨了再踩出來，即使使用各種宣稱能改善落砂問題的砂盆也難以解決。我們選擇尊重貓的天性，然後買一台手持吸塵器每天打掃。你沒有選擇犧牲牠，把牠用關起來飼養的方式解決，你選擇改變自己，這並不是忍受，而是欣然接受，同時懂得享受貓帶來的愉悅，這份享受遠大於所謂的「眼不見為淨」。

養貓，教會我們完全尊重，並學會付出愛。

國家圖書館出版品預行編目資料

你好，我是寵物訓練師：從養貓到懂貓的20堂幸福實戰課／單熙汝 著. -- 初版. -- 臺北市：商周出版：英屬蓋曼群島商家庭傳媒股份有限公司城邦分公司發行, 2023.09
面；　公分

ISBN 978-626-318-810-5 (平裝)

1. CST: 貓　2. CST: 寵物飼養　3. CST: 動物行為

437.364　　112012412

你好，我是寵物訓練師

從養貓到懂貓的 20 堂幸福實戰課

作　　者／單熙汝
繪　　者／Hana Liu
企畫選書／梁燕樵
特約編輯／梁燕樵

版　　權／吳亭儀
行銷業務／周佑潔、周丹蘋、賴正祐
總 編 輯／楊如玉
總 經 理／彭之琬
事業群總經理／黃淑貞
發 行 人／何飛鵬
法律顧問／元禾法律事務所　王子文律師
出　　版／商周出版
城邦文化事業股份有限公司
臺北市中山區民生東路二段141號9樓
電話：(02) 2500-7008 傳眞：(02) 2500-7759
E-mail：bwp.service@cite.com.tw
Blog：http://bwp25007008.pixnet.net/blog
發　　行／英屬蓋曼群島商家庭傳媒股份有限公司城邦分公司
臺北市中山區民生東路二段141號11樓
書虫客服服務專線：(02) 2500-7718・(02) 2500-7719
24小時傳眞服務：(02) 2500-1990・(02) 2500-1991
服務時間：週一至週五09:30-12:00・13:30-17:00
郵撥帳號：19863813　戶名：書虫股份有限公司
讀者服務信箱E-mail：service@readingclub.com.tw
歡迎光臨城邦讀書花園 網址：www.cite.com.tw
香港發行所／城邦（香港）出版集團有限公司
香港九龍九龍城土瓜灣道86號順聯工業大廈6樓A室
電話：(852) 2508-6231　傳眞：(852) 2578-9337
E-mail：hkcite@biznetvigator.com
馬新發行所／城邦(馬新)出版集團 Cité (M) Sdn. Bhd.
41, Jalan Radin Anum, Bandar Baru Sri Petaling,
57000 Kuala Lumpur, Malaysia
電話：(603) 9056-3833　傳眞：(603) 9057-6622
Email：services@cite.my

封面設計／FE
排　　版／新鑫電腦排版工作室
印　　刷／高典印刷有限公司
經 銷 商／聯合發行股份有限公司
電話：(02) 2917-8022　傳眞：(02) 2911-0053
地址：新北市231新店區寶橋路235巷6弄6號2樓

■ 2023 年 9 月初版 1 刷
■ 2023 年 12 月 25 日初版 2.2 刷
定價 380 元

Printed in Taiwan
城邦讀書花園
www.cite.com.tw

ISBN　978-626-318-810-5

廣　告　回
北區郵政管理登記
台北廣字第00079
郵資已付，免貼郵

104台北市民生東路二段141號11樓

英屬蓋曼群島商家庭傳媒股份有限公司　城邦分公

請沿虛線對摺，謝謝！

書號：BK5209　**書名：**你好，我是寵物訓練師　**編碼：**

請於此處用膠水黏貼

商周出版

讀者回函卡

感謝您購買我們出版的書籍！請費心填寫此回函卡，我們將不定期寄上城邦集團最新的出版訊息。

姓名：＿＿＿＿＿＿＿＿＿＿＿＿＿＿ 性別：☐男 ☐女

生日：西元＿＿＿＿＿＿年＿＿＿＿＿＿月＿＿＿＿＿＿日

地址：＿＿＿＿＿＿＿＿＿＿＿＿＿＿＿＿＿＿＿＿

聯絡電話：＿＿＿＿＿＿＿＿＿＿ 傳真：＿＿＿＿＿＿＿＿＿＿

E-mail ：

學歷：☐ 1. 小學 ☐ 2. 國中 ☐ 3. 高中 ☐ 4. 大學 ☐ 5. 研究所以上

職業：☐ 1. 學生 ☐ 2. 軍公教 ☐ 3. 服務 ☐ 4. 金融 ☐ 5. 製造 ☐ 6. 資訊

☐ 7. 傳播 ☐ 8. 自由業 ☐ 9. 農漁牧 ☐ 10. 家管 ☐ 11. 退休

☐ 12. 其他＿＿＿＿＿＿＿＿＿＿＿＿＿＿＿＿＿＿＿＿

您從何種方式得知本書消息？

☐ 1. 書店 ☐ 2. 網路 ☐ 3. 報紙 ☐ 4. 雜誌 ☐ 5. 廣播 ☐ 6. 電視

☐ 7. 親友推薦 ☐ 8. 其他＿＿＿＿＿＿＿＿＿＿＿＿＿＿

您通常以何種方式購書？

☐ 1. 書店 ☐ 2. 網路 ☐ 3. 傳真訂購 ☐ 4. 郵局劃撥 ☐ 5. 其他＿＿＿＿

您喜歡閱讀那些類別的書籍？

☐ 1. 財經商業 ☐ 2. 自然科學 ☐ 3. 歷史 ☐ 4. 法律 ☐ 5. 文學

☐ 6. 休閒旅遊 ☐ 7. 小說 ☐ 8. 人物傳記 ☐ 9. 生活、勵志 ☐ 10. 其他

對我們的建議：＿＿＿＿＿＿＿＿＿＿＿＿＿＿＿＿＿＿＿＿

＿＿＿＿＿＿＿＿＿＿＿＿＿＿＿＿＿＿＿＿

＿＿＿＿＿＿＿＿＿＿＿＿＿＿＿＿＿＿＿＿

請於此處用膠水黏貼